普通高等教育电气信息类

# 自动控制系统计算机仿真

## 第 2 版

张晓江　黄云志　编　著

机械工业出版社

MATLAB 及其模块化仿真工具 Simulink 是当今世界上最优秀的数值计算和系统仿真软件之一。本书充分考虑自动化专业课程设置的情况，以 MATLAB R2015b 为主要工具，较为全面地介绍了自动控制系统的建模、分析、仿真与设计的基本原理和方法。全书共分 8 章，内容包括：自动控制系统仿真概述、控制系统计算机数字仿真基础、MATLAB 语言的基础知识、控制系统数学模型及其转换、Simulink 在系统仿真中的应用、自动控制系统计算机辅助分析、自动控制系统计算机辅助设计、电力系统工具箱及其应用实例。

　　本书的显著特点是注重介绍仿真的应用和实例，在阐述控制系统各种算法和仿真原理的同时，通过大量的有代表性的实例来讲解相应的内容，浅显易懂、生动有趣。

　　本书可作为大学本科自动化专业以及电气信息类其他专业的专业课教材，也可供相关领域的工程技术和研究人员参考。

## 图书在版编目（CIP）数据

自动控制系统计算机仿真/张晓江，黄云志编著. —2 版. —北京：机械工业出版社，2020. 12（2024. 1 重印）

普通高等教育电气信息类系列教材

ISBN 978-7-111-66764-3

Ⅰ. ①自…　Ⅱ. ①张…②黄…　Ⅲ. ①自动控制系统 – 计算机仿真 – 高等学校 – 教材　Ⅳ. ①TP273

中国版本图书馆 CIP 数据核字（2020）第 197213 号

机械工业出版社（北京市百万庄大街 22 号　邮政编码 100037）
策划编辑：王雅新　责任编辑：王雅新　陈文龙
责任校对：陈　越　封面设计：王　旭
责任印制：单爱军
北京虎彩文化传播有限公司印刷
2024 年 1 月第 2 版第 3 次印刷
184mm×260mm · 12. 25 印张 · 301 千字
标准书号：ISBN 978-7-111-66764-3
定价：35. 00 元

电话服务　　　　　　　　　网络服务
客服电话：010-88361066　　机 工 官 网：www.cmpbook.com
　　　　　010-88379833　　机 工 官 博：weibo.com/cmp1952
　　　　　010-68326294　　金 书 网：www.golden-book.com
**封底无防伪标均为盗版**　　机工教育服务网：www.cmpedu.com

# 前 言

本书自 2009 年出版以来，由于内容深入浅出、易读易学的显著特点，受到广大读者的欢迎。随着科学技术的发展、软件的升级，现对第 1 版的内容进行改版。

自动控制系统仿真是一门新兴的技术学科。随着计算机科学与技术的快速发展，计算机的运行速度越来越快，功能日益强大，价格日渐降低，计算机的应用已经十分普及。在此基础之上，控制系统计算机仿真成为对自动控制系统进行分析、设计和综合研究的一种常规手段。随着控制系统的日益复杂，控制功能和任务多样化，传统的控制系统分析方法已经无法胜任。使用计算机进行自动控制系统的分析、计算和仿真研究，已经成为从事自动控制以及相关专业工程技术和研究人员所必须掌握的一门技术。现今，工业、农业、交通运输、国防军事等各行各业都离不开自动控制系统与装置，毫不夸张地说，控制理论与控制工程是现代科学技术中不可缺少的重要组成部分。而自动控制系统计算机仿真技术则是自动控制系统建模、分析和设计过程的极其重要的工具。MATLAB 是美国 Math Works 公司的产品，是目前世界上最为流行的控制系统仿真软件之一。历经 30 多年的发展，几乎每年都有升级版本推出，对其不断充实和改进。

本书以 MATLAB R2015b/Simulink 8.6 为背景，较为全面地介绍了 MATLAB/Simulink 的基础知识及其常用的工具箱在控制系统仿真中的应用。需要指出：尽管该软件几乎每年都有新版本推出，但只是增加了一些新的工具箱，而软件的基本内容并没有太大变化。学习本书后，去使用较高版本的软件也不会有任何困难。

本书是按照教育部自动化专业本科教学大纲编写而成的，教学参考学时为 36 学时。本书的内容是作者多年来从事控制系统计算机仿真课程教学和研究的经验总结，在选材上力图做到内容全面充实、重点突出，兼顾基本理论方法和实际应用。全书共分 8 章：第 1 章为自动控制系统仿真概述；第 2 章为控制系统计算机数字仿真基础；第 3 章为 MATLAB 语言的基础知识；第 4 章为控制系统数学模型及其转换；第 5 章为 Simulink 在系统仿真中的应用；第 6 章为自动控制系统计算机辅助分析；第 7 章为自动控制系统计算机辅助设计；第 8 章为电力系统工具箱及其应用实例。其中，张晓江编写第 1、5~8 章，并负责全书统稿；黄云志编写第 2~4 章。本书编写过程中得到合肥工业大学电气与自动化工程学院的大力支持，在此表示感谢。

为了配合课堂教学，本书配有电子课件，欢迎选用本书作为教材的教师登录 www. cmpedu. com 或发邮件到 yaxin_w74@126. com 索取。

由于编著者水平有限，疏漏及谬误之处在所难免，希望同行及读者不吝赐教。

编著者

# 目 录

# 第 1 章

# 自动控制系统仿真概述

自动控制系统仿真是一门新兴的技术学科，它已经成为对自动控制系统进行分析、设计与综合研究的一种重要手段。经过数十年的快速发展，今天的计算机无论是硬件配置，还是软件功能都已经达到了一个相当高的水平，而且已经十分普及。在自动控制系统的分析和设计过程中，利用计算机进行仿真实验和研究，已经成为从事控制领域以及相关行业的工程技术及科研人员所必须掌握的一门技术。而且，随着计算机技术的进一步发展，仿真软件的功能将更加强大，计算机仿真对于从事自动控制领域的科技人员将更加重要，成为他们必不可少的工具。

在自动控制系统的设计与分析过程中，有大量繁琐的计算和曲线绘制工作。即使有了计算机这样先进的计算工具，在仿真软件出现之前，人们不得不与计算机程序打交道，而使用通常的计算机语言（例如 BASIC、C、FORTRAN 等）编写自动控制系统仿真程序并非易事。随着 MATLAB 的出现，它的主程序、附带的各种工具箱以及 Simulink 仿真工具，为控制系统的设计、计算、图形绘制以及仿真提供了方便快捷、功能强大的工具，使自动控制系统的设计与仿真方法出现了革命性的变化。目前，MATLAB 已经成为全世界自动控制领域最为流行的设计与仿真软件之一。

## 1.1 自动控制系统简介

### 1.1.1 系统与自动控制系统

在不同的学科领域中，"系统"的定义是不同的。在控制工程中，系统定义为：一个系统是由相互联系、相互作用的物体所形成的具有特定功能和运动规律的有机整体。

自动控制系统是指：在没有人直接参与的情况下，利用外加的设备或装置（控制器），使机器、设备或生产过程（被控对象）的工作状态和参数（被控量）自动地按照预定的规律运行。

例如，电动机的转速控制系统使转速保持在设定值上而不受负载波动的影响，这就是一个自动控制系统；焊接机器人也是一个自动控制系统，它可以按照预先设定的程序沿着一条曲线将两块金属板焊接在一起。

### 1.1.2 自动控制系统建模

自动控制系统的模型是对该控制系统的特征与变化规律的一种定量抽象表示，是人们为了认识事物所采用的一种手段。通常有以下几种模型：

1）物理模型。根据相似原理，把真实系统按比例放大或缩小而制成的模型。例如，在研制新型飞机时，要将飞机的实物模型放在风洞中进行试验研究，以确定其空气动力学性能。

使用物理模型做仿真实验研究的优点是效果逼真、精度高，缺点是造价高昂。

2）数学模型。用数学方程、结构图来描述系统特性的模型。随着计算机技术的发展，人们越来越多地采用数学模型，在计算机上进行仿真试验研究。

3）数学模型和物理模型相结合的模型（半实物模型）。这种模型结合了数学模型和物理模型的优点，对某些数学模型中不确切知道的关键部件采用物理模型，其他部分则由计算机根据其数学模型来构建。

自动控制系统建模就是以相关的理论为依据，把系统的运动规律概括为数学方程关系或函数关系，通常包括以下内容：

1）确定控制系统模型的结构，建立系统的约束条件，确定系统的属性与运动。

2）测取模型数据。

3）运用相关领域的理论建立系统的数学描述。

4）检验所建立数学模型的准确性。

由于自动控制系统的数字仿真是以该系统的数学模型为基础的，所以仿真结果的可信度在很大程度上取决于系统建模的准确程度。由此可见，系统建模至关重要，它在很大程度上决定了数字仿真实验的成败。目前在国际上最为流行的仿真软件 MATLAB/Simulink 中，集成了各个领域的专家学者对常见的被控对象所建的模型以及编写的程序模块（如电力系统模块集中的各种电机模块、电力电子器件模块等）。在 MATLAB/Simulink 环境下，建模过程通常会变得十分方便快捷和真实准确，因而仿真结果也更加可信。

# 1.2 自动控制系统仿真的基本概念

## 1.2.1 仿真的定义

自动控制系统的计算机仿真是指以数字计算机为主要工具，编写并且运行反映真实系统运行状况的程序，对计算机输出的信息进行分析和研究，从而对实际系统运行状态和演化规律进行综合评估与预测。它是一种非常重要的设计自动控制系统或者评价系统性能和功能的技术手段。

仿真的依据是相似原理，即真实系统与它的模型在某种意义上是相似的。

例如，在设计一个化工厂反应釜压力控制系统时，要确定采用何种控制方案才能够达到所要求的性能指标。可以先对该系统采用不同方案的控制效果进行仿真，经过分析比较之后，确定最佳控制方案。

## 1.2.2 自动控制系统仿真的分类

### 1. 按照仿真模型的属性分类

（1）物理仿真 按照实际系统的物理性质构造系统的物理模型，并且在该物理模型上进行实验研究，这种方法称为物理仿真。

例如，为了获得新型飞机空气动力学特性的数据，要用按比例缩小的飞机模型在风洞实验室中进行实验。

（2）数学仿真　按照实际系统的运动规律构造系统的数学模型，并且在数字计算机上进行实验研究。

数学仿真具有经济、方便、使用灵活等优点，已经得到越来越广泛的应用。本书介绍的计算机仿真，就是指数学仿真。

（3）数学-物理仿真　将系统一部分用数学模型和另一部分用物理模型有机地组合起来构成仿真模型，进行实验研究，称为数学-物理仿真，也称为半实物仿真。

这种方法结合了数学仿真和物理仿真的优点，常常用在一些特定的场合，例如培训飞行员时使用的飞行驾驶模拟舱。

**2. 按系统状态的时间连续性分类**

（1）连续系统仿真　系统的各状态变量以及输入、输出信号均为时间的连续函数，可以用微分方程、状态空间表达式、传递函数等具有连续特性的数学模型来描述。

（2）离散事件系统仿真　系统的状态只能在离散时刻观测与控制的系统称为离散事件系统。

## 1.2.3　自动控制系统仿真的过程

自动控制系统的计算机仿真过程包括以下几个方面：

**1. 建立控制系统的数学模型**

根据系统的实际结构以及系统各变量之间所遵循的物理、化学基本定律（如牛顿运动定律、基尔霍夫定律、电机学基本原理），列写变量间的数学表达式，以建立系统的数学模型。

对于一些复杂的系统，需要通过实验的方法，利用系统辨识技术，忽略一些次要因素，使模型既能够准确地反映系统的动态本质，又能够简化分析计算的工作。

**2. 建立自动控制系统的仿真模型**

根据自动控制系统所建立的数学模型，通常是用微分方程、差分方程、传递函数、状态方程等形式来描述的，还不能直接用来对系统进行仿真，应该将其转换成能够在计算机上对系统进行仿真的模型。

目前，MATLAB/Simulink 是最为流行的仿真软件之一。利用 MATLAB 及其模块化图形界面仿真部件 Simulink，以及附带的各种工具箱作为仿真工具，可以方便地构建自动控制系统仿真模型，进而研究和分析控制系统。

**3. 在计算机上进行仿真实验并输出仿真结果**

首先，对编制好的仿真程序（或者 Simulink 模型）设置初始参数；然后进行仿真实验；对仿真程序和仿真模型做必要的调整修改，再将最后的仿真结果以数据、曲线、图形、动画等方式输出；最后，进行仿真总结，提交系统仿真报告。

# 1.3　仿真技术在控制系统设计中的应用及其重要意义

## 1.3.1　自动控制理论简介

自动控制理论的发展大致经历了经典控制理论和现代控制理论两个阶段。其中，经典控制理论主要研究单输入单输出（SISO）系统，所涉及的系统大多是线性定常系统。控制系统设计的常用方法包括频率特性法和根轨迹法等。经典控制理论与生产过程的局部自动化和单机自动化相适应，主要依赖于图解法，采用手工进行分析和综合。这个特点与 20 世纪 50 年代前后的科学技术发展水平密切相关。

现代控制理论可以用来解决多输入多输出（MIMO）系统的问题，系统可以是线性的或非线性的，定常的或时变的。其主要研究方法是状态空间法，它的分析不仅限于单纯的闭环，还可以扩展为自适应环、学习环等。现代控制理论的出现是人类 20 世纪 60 年代开始探索宇宙空间的需要，也是计算机技术飞速发展和普及的结果。

### 1.3.2　仿真技术与 CAD 在自动控制系统设计中的重要意义

从事控制系统分析和设计的技术人员在进行系统分析和设计时，常常会面临巨大的、繁琐的计算工作量。随着计算机科学与技术的飞速发展，计算机越来越普及。自动控制系统仿真与 CAD 作为一门以计算机为工具进行设计与分析的技术而得到广泛应用，这极大地提高了工作效率和分析计算的精确度。

正如目前世界上已经很少有机械工程师只用纸和笔来手工绘制机械零件图那样，现在也不可想象世界上会有控制工程师在设计和分析实际控制系统的性能时只用纸和笔而不用计算机。掌握自动控制系统仿真与 CAD 技术是当今控制系统工程师必须具有的基本技能。否则，就会被时代所淘汰。

### 1.3.3　仿真技术在自动控制系统设计中的发展趋势

计算机技术的飞速发展带动了仿真理论和方法的快速进步，控制系统仿真技术有以下发展趋势：

1）向更加广阔的时空发展。对大型复杂系统、分布系统、综合系统进行实时仿真，由于这些系统信息量大，需要对信息进行快速高效的处理和传输，多计算机并行的数字仿真系统将会有更大发展。以现代复杂军事系统为例，它涉及战略、战术决策系统，作战指挥、通信、作战人员运输、武器装备及其运载系统，战区地理环境、战时气象环境、地面与空中的各军兵种协同作战等，这种系统对实时性与实用性等的要求都很高。

2）向模型更加准确方向发展。通常为了方便快捷地建立系统模型，往往在系统建模过程中进行一些简化，从而系统模型与实际系统之间存在一定偏差。因此，需要有规范化的模型校核、验证和确认过程，来评价模型的正确性和可信度；并且通过反复多次地修正系统模型，提高其正确性和可信度。

3）向虚拟现实技术以及高技术智能化、一体化方向发展。虚拟现实是将真实环境、模型化物理环境、用户融为一体，为用户提供视觉、听觉、嗅觉和触觉感官以逼真感觉信息的仿真系统。虚拟现实技术可以使人产生如同身临其境的感受，但这需要将计算机仿真技术、传感器、各种类型的驱动器融为一体。

## 1.4　MATLAB 语言及其在控制系统设计中的应用

MATLAB 是由美国的 Math Works 公司推出的一款科技应用软件，它是由 Matrix Laboratory

（矩阵实验室）两个单词分别取前 3 个字母组合而成的。MATLAB 最显著的特点就是功能强大、易学易用，通常被称为演算纸式的科学工程计算语言。

初版的 MATLAB 软件是由 Cleve Moler 教授开发的。他曾经在美国密歇根大学、斯坦福大学和新墨西哥大学任数学与计算机科学教授。1980 年前后，时任新墨西哥大学计算机系主任的 Moler 教授在讲授线性代数课程时，发现使用其他高级语言（例如 BASIC、FOR-TRAN、C 等）来编写矩阵运算程序时极为不方便，于是他构思并且开发了便于使用的、交互式的 MATLAB 软件。

1984 年，Math Works 公司推出了第一款 MATLAB 软件的商业版本，其核心是用 C 语言编写的。1990 年推出了 MATLAB 3.5 版，该版本可以运行于 Windows 操作系统下，它增加了丰富多彩的图形图像处理、多媒体、符号运算等功能，还增加了与其他流行软件的接口功能，使得 MATLAB 的功能越来越强大。

Math Works 公司于 1992 年推出了具有划时代意义的 MATLAB 4.0 版，于 1994 年又推出了 4.2 版，扩充了 4.0 版的功能，尤其在图形界面设计方面提供了新的方法。1997 年推出的 MATLAB 5.0 版支持更多的数据结构，使其成为一种更加方便的编程语言。1999 年推出的 MATLAB 5.3 版在很多方面又进一步改进了 MATLAB 5.0 版的功能。2000 年 10 月，该公司推出了 MATLAB 6.0 版本，在操作界面上有了很大的改观，为用户提供了很大方便。2001 年 6 月，MATLAB 6.1 版以及 Simulink 4.0 版问世，其功能进一步加强。2002 年 6 月，Math Works 公司推出了 MATLAB 6.5/Simulink 5.0（即 MATLAB Release 13），其功能在原有基础上有了进一步改善。2004 年，Math Works 公司推出了 MATLAB7/Simulink 6.0（即 MATLAB Release 14），其主要包括 12 个新产品模块，同时升级了 28 个产品模块。2011 年 4 月，Math Works 公司推出了 MATLAB R2011a，增加了相控阵列系统工具箱等新的产品。2012 年 9 月，Math Works 公司推出了 MATLAB R2012b，更新了系统界面，在语言、编程以及数据的导入与导出方面也有一定程度的改进。2014 年 10 月推出的 MATLAB R2014b，提供了全新的 MATLAB 图形系统。2015 年 9 月，Math Works 公司推出了 MATLAB R2015b，新增了 MATLAB 代码的执行引擎，使得代码运行速度更快；新增了在示波器中通过光标和测量值来查看和调试信号的 UI；涉及 83 个产品的更新。新的版本对计算机配置的要求也越来越高，如果计算机配置较低，新版本 MATLAB 的运行速度会大受影响。本书主要介绍 MATLAB R2015b/Simulink 8.6 版本。

目前，MATLAB 已经成为国际上最为流行的科学与工程计算软件之一，其以模块化的计算方法、可视化与智能化的人机交互功能、丰富的矩阵运算、图形绘制和数据处理函数，以及附带的模块化图形组态的动态系统仿真工具 Simulink，已成为控制系统设计和仿真领域最受欢迎的软件之一。

# 本 章 小 结

本章简要地介绍了控制系统仿真的基本概念和意义，阐述了控制系统仿真的几种主要方法，并且着重介绍了当前在世界上最为流行的控制系统仿真软件 MATLAB 的发展历史、特点以及功能。

# 习　题

1-1　什么是仿真? 它主要优点是什么? 所遵循的基本原则是什么?

1-2　计算机仿真的发展方向是什么?

1-3　计算机数字仿真包括哪些要素? 它们的关系如何?

# 第 2 章

# 控制系统计算机数字仿真基础

## 2.1 连续系统数值积分方法

连续系统的主要特征是系统的状态变化在时间上是连续的,通常用微分方程或差分方程来描述系统的模型,如过程控制系统、调速系统、随动系统等。在数字计算机上对连续系统进行仿真时,首先遇到的问题是,数字计算机的数值及时间均具有离散性,而被仿真系统的数值及时间均具有连续性,后者如何用前者实现。从根本意义上讲,连续系统数字仿真要从时间、数值两方面对原系统进行离散化,并选择合适的数值计算方法来近似积分运算。连续系统数字仿真的离散化方法有两类,即数值积分法和离散相似法。数值积分法就是利用数值积分的方法对常微分方程(组)建立离散化形式的数学模型——差分方程,并求其数值解,也称为数值解法。基于离散相似法的连续系统仿真和数值积分法不同,它首先将连续系统模型离散化,再对离散系统仿真算法进行仿真计算。本节主要讨论数值积分法。

设一阶常微分方程为

$$\begin{cases} \dfrac{\mathrm{d}y}{\mathrm{d}t} = f(t,y) \\ y(t_0) = y_0 \end{cases} \tag{2-1}$$

式(2-1)的解 $y(t)$ 在区间 $[a,b]$ 上是连续变化的,将区间分成若干个小区间,时间间隔为 $h$,在 $[t_k, t_{k+1}]$ 区间积分,得

$$y_{k+1} = y_k + \int_{t_k}^{t_{k+1}} f(t,y)\,\mathrm{d}t \quad k = 0,1,2,\cdots,N \tag{2-2}$$

这样,在区间 $[a, b]$ 每一个离散点 $t_k$ 上均可求出对应的 $y_k$,并将这些 $y_k(k=1,2,\cdots,N)$ 作为 $y(t)$ 的近似值。数值积分法的主要问题是如何求式(2-2)中定积分的近似解。为此,首先要把连续变量问题用数值积分方法转化成离散的差分方程的初值问题,然后根据已知的初始条件,逐步地递推计算后续时刻的数值解。采用不同的递推算法,就会出现各种不同的数值积分方法。

### 2.1.1 欧拉法

欧拉(Euler)法是最简单的一种数值积分方法,此处用它来说明数值积分法的基本思想。

已知一阶常微分方程见式(2-1),由微分的定义知

$$\frac{\mathrm{d}y}{\mathrm{d}t} = \lim_{h \to 0} \frac{y(t+h) - y(t)}{h} \tag{2-3}$$

在 $t = t_k$ 时刻，当 $h = \Delta t = t_{k+1} - t_k$ 足够小时，可以用差分的形式近似代替微分，即

$$\frac{\mathrm{d}y}{\mathrm{d}t} = f(t,y) \approx \frac{\Delta y}{\Delta t} = \frac{y_{k+1} - y_k}{h} \tag{2-4}$$

式中，$y_{k+1} = y(t + \Delta t)$，$y_k = y(t)$。

将式（2-4）改写得

$$y_{k+1} = y_k + hf(t_k, y_k) \quad k = 0,1,2\cdots,N \tag{2-5}$$

比较式（2-5）和式（2-2），$hf(t_k, y_k)$ 部分近似代替了积分部分，其几何意义是把 $f(t,y)$ 在 $[t_k, t_{k+1}]$ 区间内的曲边形面积用矩形面积近似代替，如图 2-1 所示。当 $h$ 很小时，可以认为产生的误差在允许范围内，这样，式（2-5）可以从 $t_0$ 开始，逐点递推求得 $t_1$ 时的 $y_1$、$t_2$ 时的 $y_2$、$\cdots$，直到 $t_N$ 时的 $y_N$，称为欧拉递推公式。利用递推公式进行数值求解的过程如图 2-2 所示，从图中可以看出，当 $h$ 很小时，是利用 $y(t)$ 在 $t_k$ 处的切线方程获得 $t_{k+1}$ 处 $y(t)$ 的近似值 $y_{k+1}$，因此欧拉法也称为折线法。

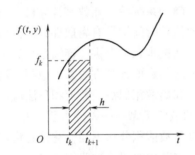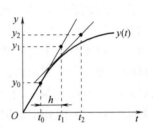

图 2-1  欧拉法的几何意义　　　　　图 2-2  欧拉法数值求解过程

欧拉法方法简单、计算量小，只要给定初始条件 $y_0$ 和步长 $h$，就可以进行递推运算，由前一点值 $y_k$ 仅一步递推就可以求出后一点值 $y_{k+1}$，为单步显式法，可以自启动。但是欧拉法的精度较差，欧拉法递推公式与 $y(t + \Delta t)$ 的泰勒展开式关系如下：

$$y(t + \Delta t) = y(t) + \dot{y}(t)\Delta t + \frac{1}{2!}\ddot{y}(t)(\Delta t)^2 + \cdots \tag{2-6}$$

当 $t = t_k$ 且取 $h = \Delta t$ 时，对应式为

$$y_{k+1} = y_k + h\dot{y}_k + \frac{1}{2!}h^2\ddot{y}_k + \cdots \tag{2-7}$$

由式（2-7）可知，欧拉递推公式与泰勒一阶近似展开式相同，即

$$y_{k+1} = y_k + h\dot{y}_k + o(h^2) \approx y_k + h\dot{y}_k \tag{2-8}$$

式（2-8）中误差 $o(h^2)$ 与 $h^2$ 同数量级，称其具有一阶精度。尽管欧拉法的精度很差，但其仍然很重要，许多高精度的数值积分方法都是以它为基础推导得到的。

## 2.1.2　龙格-库塔法

由图 2-1 可清楚地看出，欧拉法是用前一点的斜率值 $f_k$ 确定下一点的值 $y(t_{k+1})$，精度较低。为了提高精度，可以使用两点斜率的平均值确定 $y(t_{k+1})$，即

$$y_{k+1} = y_k + \frac{h}{2}[f(t_k, y_k) + f(t_{k+1}, y_{k+1})] \tag{2-9}$$

由式（2-9）可见，求解 $y_{k+1}$ 的算式中隐含 $y_{k+1}$ 本身，故称其为隐式算法，不能自启动。

在实际计算中，首先用欧拉法预估 $y_{k+1}^*$ 的值，然后再进行校正。这就是预估-校正算法，其几何意义是把 $f(t,y)$ 在 $[t_k,t_{k+1}]$ 区间内的曲边形面积用梯形面积近似代替，即

$$\begin{cases} 预估:y_{k+1}^* = y_k + hf(t_k,y_k) \\ 校正:y_{k+1} = y_k + \dfrac{h}{2}[f(t_k,y_k) + f(t_{k+1},y_{k+1}^*)] \end{cases} \tag{2-10}$$

故

$$y_{k+1} = y_k + \frac{h}{2}(\dot{y}_k + \dot{y}_{k+1}^*) = y_k + h\dot{y}_k + \frac{h^2}{2}\ddot{y}_k + o(h^3) \tag{2-11}$$

其显然具有二阶精度，平均斜率达到了提高精度的目的。

欧拉法取泰勒展开式的前两项进行近似计算以求微分方程的数值解，预估-校正算法取泰勒展开式的前三项进行近似计算。可见，要想得到较高的计算精度，必须取泰勒展开式的前若干项，但公式中直接利用高阶导数，计算不方便。数学家 C. Runge 和 W. Kutta 提出，用计算区间内几个点斜率值加权线性组合的数值积分计算方法，称为龙格-库达（Runge-Kutta）法（以下简称 RK 法）。这里以二阶 RK 法为例介绍其基本原理。

设 $y(t)$ 为式（2-1）的解，将其在 $t_k$ 附近以 $h$ 为变量展开为泰勒级数：

$$y(t_k + h) = y(t_k) + h\dot{y}(t_k) + \frac{h^2}{2!}\ddot{y}(t_k) + \cdots \tag{2-12}$$

式中

$$\dot{y}(t_k) = f(t_k,y_k) = f_k$$

$$\ddot{y}(t_k) = \frac{\mathrm{d}f(t,y)}{\mathrm{d}t}\bigg|_{\substack{t=t_k \\ y=y_k}} = \left(\frac{\partial f}{\partial t} + \frac{\partial f}{\partial y}\dot{y}\right)\bigg|_{\substack{t=t_k \\ y=y_k}} = f_{t_k}' + f_{y_k}'f_k$$

并记

$$y(t_k + h) = y_{k+1}, \quad y(t_k) = y_k$$

则

$$y_{k+1} = y_k + hf_k + \frac{h^2}{2!}(f_{t_k}' + f_{y_k}'f_k) + \cdots \tag{2-13}$$

将式（2-13）用斜率 $k_i$ 的线性组合表示，则

$$y_{k+1} = y_k + h\sum_{i=1}^{r} w_i k_i \tag{2-14}$$

式中，$r$ 为精度阶次；$w_i$ 为待定系数；$k_i$ 用式（2-15）表示：

$$k_i = f\left(t_k + a_i h, y_k + h\sum_{j=1}^{i-1} b_j k_j\right) \quad i = 1,2,3,\cdots,r \tag{2-15}$$

式中，$a_i$、$b_j$ 为待定系数，一般取 $a_1 = 0$。

当 $r=1$ 时，式（2-14）变成欧拉数值积分公式：

$$y_{k+1} = y_k + hf(t_k,y_k)$$

当 $r=2$ 时，有

$$\begin{cases} k_1 = f(t_k,y_k) \\ k_2 = f(t_k + a_2 h, y_k + hb_1 k_1) \\ y_{k+1} = y_k + w_1 hk_1 + w_2 hk_2 \end{cases}$$

将 $k_2$ 按照二元函数展开并代入 $y_{k+1}$ 得

$$y_{k+1} = y_k + w_1 h f_k + w_2 h (f_k + a_2 h f'_{t_k} + h b_1 k_1 f'_{y_k})$$
$$= y_k + (w_1 + w_2) h f_k + w_2 a_2 h^2 f'_{t_k} + w_2 b_1 h^2 f_k f'_{y_k}$$

与二阶近似公式比较，即得到以下关系式：

$$\begin{cases} w_1 + w_2 = 1 \\ w_2 a_2 = \dfrac{1}{2} \\ w_2 b_1 = \dfrac{1}{2} \end{cases} \tag{2-16}$$

式中，待定系数的个数超过方程数，因此解不唯一，有以下几种取法：

1）当 $w_1 = w_2 = \dfrac{1}{2}$、$a_2 = 1$、$b_1 = 1$ 时，则

$$\begin{cases} y_{k+1} = y_k + \dfrac{h}{2}(k_1 + k_2) \\ k_1 = f(t_k, y_k) \\ k_2 = f(t_k + h, y_k + h k_1) \end{cases}$$

2）当 $w_1 = 0$、$w_2 = 1$、$a_2 = \dfrac{1}{2}$、$b_1 = \dfrac{1}{2}$ 时，则

$$\begin{cases} y_{k+1} = y_k + h k_2 \\ k_1 = f(t_k, y_k) \\ k_2 = f\left(t_k + \dfrac{h}{2}, y_k + \dfrac{h}{2} k_1\right) \end{cases}$$

3）当 $w_1 = \dfrac{1}{4}$、$w_2 = \dfrac{3}{4}$、$a_2 = \dfrac{2}{3}$、$b_1 = \dfrac{2}{3}$ 时，则

$$\begin{cases} y_{k+1} = y_k + \dfrac{h}{4}(k_1 + 3 k_2) \\ k_1 = f(t_k, y_k) \\ k_2 = f\left(t_k + \dfrac{2}{3} h, y_k + \dfrac{2}{3} h k_1\right) \end{cases}$$

以上几种形式均称为二阶龙格-库塔法公式。

当 $r = 4$ 时，四阶龙格-库塔法公式为

$$\begin{cases} y_{k+1} = y_k + \dfrac{h}{6}(k_1 + 2 k_2 + 2 k_3 + k_4) \\ k_1 = f(t_k, y_k) \\ k_2 = f\left(t_k + \dfrac{h}{2}, y_k + \dfrac{h}{2} k_1\right) \\ k_3 = f\left(t_k + \dfrac{h}{2}, y_k + \dfrac{h}{2} k_2\right) \\ k_4 = f(t_k + h, y_k + h k_3) \end{cases} \tag{2-17}$$

式（2-17）有较高的精度，因此在数字仿真中应用比较普遍。

所有的龙格-库塔法公式都有以下特点：

1）在计算 $y_{k+1}$ 时只用到 $y_k$，而不直接用 $y_{k-1}$、$y_{k-2}$ 等项，即前一点值经一步递推就可以求出后一点值，为单步法。显然这不仅能使存储量减少，而且此法可以自启动，即已知初值后，就能由初值逐步计算得到后续各时间点上的数值。实际在逐步递推的过程中，计算 $y_{k+1}$ 之前就已经产生了 $y_{k-1}$、$y_{k-2}$ 等项，利用这些结果计算 $y_{k+1}$ 的方法就是多步法。多步法利用的信息量大，因而比单步法更精确，但无法自启动。本章不单独讨论线性多步法，有兴趣的读者可参阅相关文献。

2）步长 $h$ 在整个计算过程中并不要求固定，可以根据精度要求改变，但是在同一步中计算若干系数 $k_i$（俗称龙格-库塔系数），则必须用同一个步长 $h$。

3）龙格-库塔法的精度取决于步长 $h$ 的大小及方法的阶次。许多计算实例表明：为达到相同的精度，四阶方法的 $h$ 可以比二阶方法的 $h$ 大 10 倍，而四阶方法的每步计算量仅比二阶方法多 1 倍，所以总的计算量仍比二阶方法小。正是由于上述原因，所以一般系统进行数字仿真时常用四阶龙格-库塔公式。值得指出的是：高于四阶的方法由于每步计算量将增加较多，但精度提高不快，所以使用得也比较少。

## 2.1.3  数值积分法的稳定性

利用数值积分法进行仿真时常常会出现这样的情况，一个系统本来是稳定的，可是仿真结果却是发散的。这种情况通常是由积分步长选得不合适造成的。那么，为什么计算步长选得不合适会引起数值解不稳定呢？这就需要分析各种数值解法的稳定性。

首先来看一个例子，用欧拉法求一阶系统 $\dot{y}+10y=0$，$y(0)=1$ 的数值解。

设计算步长为 $h$，则欧拉递推公式为

$$y_{k+1}=y_k+h(-10y_k)=(1-10h)y_k=(1-10h)^{k+1}y_0=(1-10h)^{k+1}$$

当 $h>0.2$ 时，$|1-10h|>1$，数值解是发散的。

当 $h=0.2$ 时，$|1-10h|=1$，数值解等幅振荡。

当 $0<h<0.2$ 时，$|1-10h|<1$，数值解是收敛的。

原来系统是稳定的，时间常数为 0.1，解析解 $y(t)=\mathrm{e}^{-10t}$，用欧拉法进行仿真时，当步长 $h\geqslant0.2$ 时，由于步长太大而引起截断误差过大，造成数值解不稳定。

微分方程（组）的数值解法，实质上就是将微分方程差分化，然后从初值开始进行迭代运算。显然，要使迭代运算正常进行，首先必须保证这一数值解法的稳定性。所谓数值解法的稳定性，是指在扰动（初始误差、舍入误差、截断误差等）影响下，其计算过程中的累积误差不会随计算步数的增加而无限增大。不同的数值解法对应着不同的差分递推公式，一个数值解法是否稳定取决于该差分方程的特征根是否满足稳定性要求。为了说明这个问题，此处讨论一个简单的微分方程：

$$\frac{\mathrm{d}y}{\mathrm{d}t}=f(t,y)=\lambda y \tag{2-18}$$

式中，$\lambda$ 为方程的特征根，$\lambda=\alpha+\mathrm{j}\beta(\alpha<0)$。

仍以欧拉法为例，将式（2-18）代入欧拉递推公式，得

$$y_{k+1}=y_k+h\lambda y_k=(1+h\lambda)y_k \tag{2-19}$$

两边进行 $z$ 变换得

$$zY(z) = (1 + h\lambda)Y(z)$$

差分方程的特征值为

$$z = 1 + h\lambda$$

由差分方程的稳定性条件得

$$|z| = |1 + h\lambda| \leqslant 1 \tag{2-20}$$

式（2-20）所对应的差分方程的稳定解区域稳定域如图 2-3a 所示。将 $\lambda = \alpha + j\beta (\alpha < 0)$ 代入式（2-20）得

$$|1 + (\alpha + j\beta)h| \leqslant 1$$

即

$$\left(\alpha + \frac{1}{h}\right)^2 + \beta^2 \leqslant \frac{1}{h^2} \tag{2-21}$$

式（2-21）表明，在 $\lambda$ 平面，欧拉法稳定域为一个圆，圆心为 $\left(-\dfrac{1}{h}, 0\right)$，半径为 $\dfrac{1}{h}$，如图 2-3b 所示。显然，该算法的稳定条件是 $h \leqslant \left|\dfrac{2}{\alpha}\right|$ 或 $h \leqslant 2\tau$（$\tau$ 为系统的时间常数，$\tau = \left|\dfrac{1}{\alpha}\right|$）。

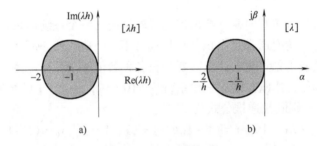

图 2-3　欧拉法的稳定域

对于其他数值算法，都可以根据上述方法分析其数值稳定性，不同算法对应的稳定域也不相同。

## 2.1.4　数值积分法的选择

为了有效地对连续系统进行数字仿真，必须针对具体问题，合理地选择算法和计算步长。一般来说，数值方法的选用应考虑以下原则。

（1）精度　影响数值积分精度的因素有以下几方面：

截断误差：与积分方法、方法阶次、步长大小等因素有关。

舍入误差：与计算机字长、步长大小等因素有关。

累积误差：由以上两项误差随计算时间累积情况决定。

初始误差：由初值值准确度确定。

当步长 $h$ 取定时，算法阶次越高，截断误差越小；当算法阶次取定后，多步法精度比单步法高，隐式精度比显式高。当要求高精度仿真时，可采用高阶的隐式多步法，并取较小的步长。但步长 $h$ 不能太小，因为步长太小会增加迭代次数，增加计算量，同时也会加大舍入误差和累积误差。

总之，实际应用时应视仿真精度要求合理地选择数值算法和阶次，当算法和阶次确定后，从控制累积误差的角度考虑，选择恰当的计算步长。

（2）计算速度　计算速度取决于所用的数值算法和步长大小。在满足精度要求的前提下，选择多步法、显式计算法可以提高速度。当算法取定时，在保证精度的前提下，选择较大步长可以减少仿真计算次数，提高速度。

（3）稳定性　数值算法的稳定性主要与计算步长有关，不同的数值方法对步长有不同的限制范围，且与仿真对象的时间常数也有关。一般来说，步长 $h$ 与系统最小时间常数 $\tau$ 有以下关系：

$$h \leqslant (2 \sim 3)\tau$$

在工程应用中有一些经验公式，如

$$h \leqslant \frac{t_r}{10} \text{ 或 } h \leqslant \frac{1}{5\omega_c}$$

式中，$t_r$ 为系统阶跃响应上升时间；$\omega_c$ 为系统幅值穿越频率。

需要说明一点，数值算法求解的过程中，步长有固定步长和变步长两种工作方式。固定步长就是在整个仿真计算过程中，步长 $h$ 始终保持不变；变步长就是在仿真计算的每一步，根据计算误差的大小改变步长 $h$。变步长的目的是在保证一定计算精度的前提下，尽可能地选取较大的步长。变步长方法是：估计计算误差，判断误差是否在允许的误差范围内，若在允许误差范围内，则该步计算有效，否则计算无效，此时改变步长，重新计算。因此，在变步长的数值计算中，还要考虑误差估计方法和步长调整策略两个问题。

## 2.2　控制系统的结构及其描述

### 2.2.1　控制系统的典型结构

一般来说，一个控制系统是由许多环节或子系统按一定方式组合而成的。控制系统的结构错综复杂，但基本的连接方式只有串联、并联和反馈连接三种。

**1. 串联连接**

传递函数分别为 $G_1(s)$ 和 $G_2(s)$，若 $G_1(s)$ 的输出量作为 $G_2(s)$ 的输入量，则 $G_1(s)$ 与 $G_2(s)$ 称为串联连接，如图 2-4 所示。

**2. 并联连接**

传递函数分别为 $G_1(s)$ 和 $G_2(s)$，如果它们有相同的输入量，而输出量等于两个传递函数输出量的代数和，则 $G_1(s)$ 与 $G_2(s)$ 称为并联连接，如图 2-5 所示。

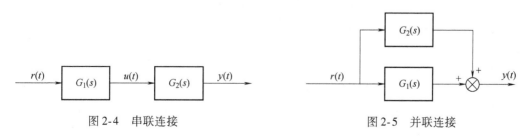

图 2-4　串联连接　　　　　　　　　　　图 2-5　并联连接

### 3. 反馈连接

若传递函数 $G_1(s)$ 和 $G_2(s)$ 按图 2-6 形式连接，则称为反馈连接。"＋"号为正反馈，表示输入信号与反馈信号相加，"－"号则表示相减，是负反馈。大多数控制系统为保证能达到相应的控制精度和性能指标，都采用这种闭环负反馈形式。

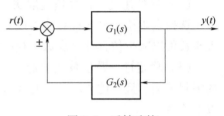

图 2-6　反馈连接

不同环节或子系统按照基本连接方式组合在一起，可以构成较复杂的控制系统。单输入-单输出控制系统结构图如图 2-7 所示，多输入-多输出控制系统结构图如图 2-8 所示。

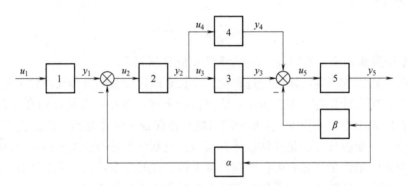

图 2-7　单输入-单输出控制系统结构图

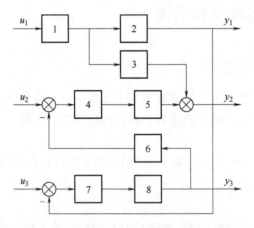

图 2-8　多输入-多输出控制系统结构图

利用结构图可以很清楚地描述复杂系统，其给系统仿真带来极大的方便。

## 2.2.2　控制系统的典型环节

任何一个复杂的线性控制系统，都是由一些简单的、不同类型的具体线性环节组合而成的，若对常见的一些简单线性环节能准确地加以定量描述，则复杂线性系统的描述也只是复杂在各部分的相互连接关系上，下面介绍经典控制理论中常见的几个动态环节。

**1. 比例环节**

$$G_i(s) = \frac{y_i}{u_i} = K_i$$

**2. 积分环节**

$$G_i(s) = \frac{y_i}{u_i} = \frac{K_i}{T_i s}$$

**3. 积分比例环节**

$$G_i(s) = \frac{y_i}{u_i} = \frac{K_i(\tau_i s + 1)}{T_i s}$$

**4. 惯性环节**

$$G_i(s) = \frac{y_i}{u_i} = \frac{K_i}{T_i s + 1}$$

**5. 一阶超前滞后环节**

$$G_i(s) = \frac{y_i}{u_i} = \frac{K_i(\tau_i s + 1)}{T_i s + 1}$$

**6. 二阶振荡环节**

$$G_i(s) = \frac{y_i}{u_i} = \frac{K_i \omega_n^2}{s^2 + 2\zeta\omega_n s + \omega_n^2} = \frac{K_i}{T_i^2 s^2 + 2\zeta T_i s + 1}$$

式中，$\zeta$ 为阻尼比，二阶振荡情况下，$0 \le \zeta < 1$；$\omega_n$ 为无阻尼自然振荡频率；$T_i$ 为环节 $i$ 无阻尼自然振荡周期。

可见，除了二阶振荡环节外，其他都是一阶环节，那如何选择典型环节呢？典型环节的选择原则是要有典型性，即由它可组成各种动态环节，而且组成系统简便，由计算机将它转换成系统的微分方程组容易实现。若采用图 2-9 所示的一阶超前滞后环节作为典型环节，则

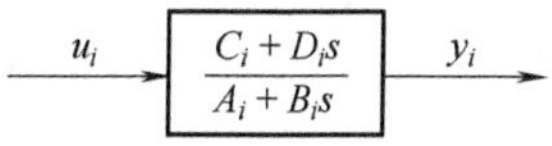

图 2-9　典型环节

$$G_i(s) = \frac{y_i(s)}{u_i(s)} = \frac{C_i + D_i s}{A_i + B_i s} \quad i = 1, 2, \cdots, n \tag{2-22}$$

式中，$y_i(s)$ 为环节 $i$ 的输出；$u_i(s)$ 为环节 $i$ 的输入；$n$ 为系统中的环节数（即系统的阶次）。

这种环节可以很容易地表示上述常见的动态环节，至于二阶振荡环节，则只需用两个这样的典型环节串联，再加上一个负反馈即可得到。

每个典型环节可以写成如下的微分方程：

$$B_i \frac{dy_i}{dt} + A_i y_i = D_i \frac{du_i}{dt} + C_i u_i \tag{2-23}$$

经过拉普拉斯变换，写成矩阵形式，即

$$(\boldsymbol{A} + \boldsymbol{B}s)\boldsymbol{Y} = (\boldsymbol{C} + \boldsymbol{D}s)\boldsymbol{u} \tag{2-24}$$

式中，$\boldsymbol{A} = \begin{pmatrix} A_1 & 0 & \cdots & 0 \\ 0 & A_2 & \cdots & 0 \\ \vdots & \vdots & & \vdots \\ 0 & 0 & \cdots & A_n \end{pmatrix}$；$\boldsymbol{B} = \begin{pmatrix} B_1 & 0 & \cdots & 0 \\ 0 & B_2 & \cdots & 0 \\ \vdots & \vdots & & \vdots \\ 0 & 0 & \cdots & B_n \end{pmatrix}$；$\boldsymbol{C} = \begin{pmatrix} C_1 & 0 & \cdots & 0 \\ 0 & C_2 & \cdots & 0 \\ \vdots & \vdots & & \vdots \\ 0 & 0 & \cdots & C_n \end{pmatrix}$；

$$D = \begin{pmatrix} D_1 & 0 & \cdots & 0 \\ 0 & D_2 & \cdots & 0 \\ \vdots & \vdots & & \vdots \\ 0 & 0 & \cdots & D_n \end{pmatrix} ; \ u \ 为输入向量, \ u = (u_1, u_2, \cdots, u_n)^{\mathrm{T}} \ (各分量表示各环节输入量);$$

$Y$ 为输出向量, $Y = (y_1, y_2, \cdots, y_n)^{\mathrm{T}}$ (各分量表示各环节输出量)。

### 2.2.3 控制系统的连接矩阵

对于图 2-7、图 2-8 所表示的线性系统, 各环节均是线性的, 在各自的输入量 $u_i$ 作用下, 给出各自的输出量 $y_i$, 这种作用关系是通过各环节的数学描述体现出来的。但要注意各个环节之间也存在相互作用, $u_i$ 不是孤立的, 只要与其他环节有连接关系, 就要受到相应 $y_i$ 变化的影响。因此, 要将控制系统完整地描述出来, 还应该分析各环节输出 $y_i$ 对其他环节有无输入作用, 即环节之间的连接关系。

以图 2-7 所示的线性系统为例, 根据 $u_i$、$y_i$ 的连接关系, 可以写出每个环节输入 $u_i$ 受到哪些环节输出 $y_i$ 的制约和影响, 如

$$\begin{cases} u_1 = r \\ u_2 = y_1 - \alpha y_5 \\ u_3 = y_2 \\ u_4 = y_2 \\ u_5 = y_3 + y_4 - \beta y_5 \end{cases} \tag{2-25}$$

由式 (2-25) 可知, 除 $u_1$ 只与参考输入 $r$ 有直接联系外, 其余各环节输入 $u_i$ 都与其他环节输出 $y_i$ 有关。把式 (2-25) 写成如下的形式, 可以很清楚地看出各环节之间的连接关系:

$$\begin{cases} u_1 = 0 \cdot y_1 + 0 \cdot y_2 + 0 \cdot y_3 + 0 \cdot y_4 + 0 \cdot y_5 + 1 \cdot r \\ u_2 = 1 \cdot y_1 + 0 \cdot y_2 + 0 \cdot y_3 + 0 \cdot y_4 - \alpha \cdot y_5 + 0 \cdot r \\ u_3 = 0 \cdot y_1 + 1 \cdot y_2 + 0 \cdot y_3 + 0 \cdot y_4 + 0 \cdot y_5 + 0 \cdot r \\ u_4 = 0 \cdot y_1 + 1 \cdot y_2 + 0 \cdot y_3 + 0 \cdot y_4 + 0 \cdot y_5 + 0 \cdot r \\ u_5 = 0 \cdot y_1 + 0 \cdot y_2 + 1 \cdot y_3 + 1 \cdot y_4 - \beta \cdot y_5 + 0 \cdot r \end{cases}$$

图 2-7 中, 凡与其他环节没有连接关系的环节, 其输出 $y_i$ 的系数均为 0; 凡与其他环节有连接关系的环节, 其输出 $y_i$ 的系数不为 0; 凡与参考输入 $r$ 不直接连接的环节, $r$ 的系数为 0; 凡与参考输入 $r$ 连接的环节, $r$ 的系数不为 0。

把环节之间的关系和环节与参考输入之间的关系表示成矩阵的形式, 得

$$\begin{pmatrix} u_1 \\ u_2 \\ u_3 \\ u_4 \\ u_5 \end{pmatrix} = \begin{pmatrix} 0 & 0 & 0 & 0 & 0 \\ 1 & 0 & 0 & 0 & -\alpha \\ 0 & 1 & 0 & 0 & 0 \\ 0 & 1 & 0 & 0 & 0 \\ 0 & 0 & 1 & 1 & -\beta \end{pmatrix} \begin{pmatrix} y_1 \\ y_2 \\ y_3 \\ y_4 \\ y_5 \end{pmatrix} + \begin{pmatrix} 1 \\ 0 \\ 0 \\ 0 \\ 0 \end{pmatrix} r$$

即

$$u = WY + W_0 r$$

式中，$W$ 为连接矩阵（$n \times n$ 维），表示各环节之间的连接关系；$W_0$ 为输入连接矩阵（单输入条件下为 $n \times 1$ 维），表示环节与参考输入之间的连接关系。

分析连接矩阵 $W$，设 $i$ 为行下标，代表被作用环节；$j$ 为列下标，代表作用环节；$W_{ij}$ 表示环节之间的连接关系，即

$W_{ij} = 0$，环节 $j$ 不与环节 $i$ 相连。

$W_{ij} \neq 0$，环节 $j$ 与环节 $i$ 有连接关系。

$W_{ij} > 0$，环节 $j$ 与环节 $i$ 直接相连（$W_{ij} = 1$）或通过比例系数相连。

$W_{ij} < 0$，环节 $j$ 与环节 $i$ 直接负反馈相连（$W_{ij} = -1$）或通过比例系数负反馈相连。

$W_{ii} \neq 0$，环节 $i$ 单位自反馈（$W_{ii} = 1$ 或 $W_{ii} = -1$）或通过比例系数自反馈。

以连接矩阵表示复杂系统各环节之间的连接关系，结合各环节的数学描述，可以构造复杂系统的仿真模型，这使得复杂结构控制系统的仿真变得简单方便。

## 2.3 控制系统的建模

控制系统种类繁多，为了能够通过仿真手段进行分析和设计，首先要建立各类系统的数学模型。控制系统计算机仿真建立在控制系统数学模型基础之上。控制系统数学模型的建立是否恰当，将直接影响数字仿真分析与设计的准确性、可靠性。控制系统的建模方法有很多，归纳起来有三类：机理建模法、实验建模法和综合建模法。

**1. 机理建模法**

所谓机理建模，实际上就是采用由一般到特殊的推理演绎方法，对已知结构、参数的物理系统运用相应的物理定律或定理，经过合理分析简化而建立起来的描述系统各物理量动、静态变化性能的数学模型。

因此，机理建模法主要通过理论分析推导方法建立系统模型。根据元件或系统行为所遵循的自然机理，如牛顿第二定律、能量守恒定律、基尔霍夫定律等，对系统各种运动规律的本质进行描述，从而建立起变量间相互制约又相互依存的精确数学关系，通常情况下是给出微分方程、传递函数或者状态方程。

建模过程中，必须对控制系统进行深入分析研究，善于提取系统本质，忽略一些非本质、次要的因素，合理确定对系统性能有决定性影响的物理变量及其相互作用关系，适当舍弃对系统性能影响微弱的物理变量。建模过程中还要注意所研究系统模型的线性化问题。大多数情况下，实际系统由于种种因素的影响，都存在非线性现象，如电气系统中的磁路饱和。在一定条件下，可以通过合理的简化、近似，用线性系统模型近似描述非线性系统。但是，如果系统本身包含非线性环节，就需要采取特殊的研究方法。

下面以电磁悬浮系统为例，说明机理建模方法。

以磁悬浮球为例建立电磁悬浮系统数学模型，磁悬浮球控制系统如图 2-10 所示。

整个磁路的磁阻近似为

$$R = \frac{2e}{\mu_0 S} \tag{2-26}$$

式中，$\mu_0$ 为空气中的磁导率；$e$ 为气隙厚度；$S$ 为气隙的截面面积。

气隙中的磁感应强度为

$$B = \frac{\Phi}{S} \qquad (2\text{-}27)$$

式中，$\Phi$ 为磁通量。

电磁线圈对质量为 $M$ 的钢球产生的电磁吸力为

$$F = \frac{B^2 S}{\mu_0} \qquad (2\text{-}28)$$

由磁路理论知

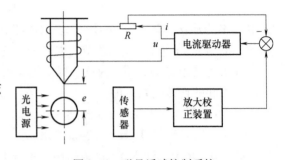

图 2-10　磁悬浮球控制系统

$$NI = R\Phi \qquad (2\text{-}29)$$

式中，$N$ 为线圈匝数；$I$ 为线圈中流过的电流。

由式（2-29）得 $\Phi = \dfrac{NI}{R}$，将其代入式（2-27）得

$$B = \frac{NI}{RS} \qquad (2\text{-}30)$$

将式（2-26）和式（2-30）代入式（2-28）得

$$F = \frac{\mu_0 S N^2 I^2}{4e^2} \qquad (2\text{-}31)$$

对式（2-31）线性化得

$$\Delta F = F - F_0 = K_1 (I - I_0) + K_2 (e - e_0) = \left. \frac{\partial F}{\partial I} \right|_{e_0} \cdot \Delta I + \left. \frac{\partial F}{\partial e} \right|_{I_0} \cdot \Delta e \qquad (2\text{-}32)$$

式中，$F = K_1 I + K_2 e$；$F_0 = K_1 I_0 + K_2 e_0$。

在 $e = e_0$ 处，有

$$I_0 = \frac{2e_0}{N} \sqrt{\frac{Mg}{\mu_0 S}} \qquad (2\text{-}33)$$

在式（2-32）中，有

$$K_1 = \left. \frac{\partial F}{\partial I} \right|_{I_0, e_0} = \frac{\mu_0 S I_0 N^2}{2e_0^2} \qquad (2\text{-}34)$$

$$K_2 = \left. \frac{\partial F}{\partial e} \right|_{I_0, e_0} = \frac{-\mu_0 S I_0^2 N^2}{2e_0^3} \qquad (2\text{-}35)$$

由牛顿第一定律（$\sum F = ma$）得，钢球的运动方程为

$$K_1 I + K_2 e - Mg = M \frac{\mathrm{d}^2(-e)}{\mathrm{d}t^2} \qquad (2\text{-}36)$$

对式（2-36）进行拉普拉斯变换（将 $Mg$ 看成 $Mg \cdot 1(t)$），得

$$K_1 I(s) + K_2 e(s) - Mg \cdot \frac{1}{s} = -s^2 \cdot Me(s) \qquad (2\text{-}37)$$

整理后得

$$I(s) = \frac{1}{K_1} \left[ \frac{Mg}{s} - K_2 e(s) - Ms^2 e(s) \right] \qquad (2\text{-}38)$$

电路的电压平衡方程式为

$$u(t) = rI(t) + \frac{\mathrm{d}\Phi(t)}{\mathrm{d}t} \tag{2-39}$$

式中，$\Phi(t) = L(t)I(t)$，则

$$u(t) = rI(t) + L_0\frac{\mathrm{d}I(t)}{\mathrm{d}t} + I_0\frac{\mathrm{d}L}{\mathrm{d}e}\frac{\mathrm{d}e}{\mathrm{d}t} \tag{2-40}$$

而 $L = \dfrac{\mu_0 N^2 S}{2e}$、$\dfrac{\mathrm{d}L}{\mathrm{d}e} = \dfrac{-\mu_0 N^2 S}{2e^2}$，所以

$$u(t) = rI(t) + L_0\frac{\mathrm{d}I(t)}{\mathrm{d}t} + \frac{I_0(-\mu_0 N^2 S)}{2e^2}\frac{\mathrm{d}e}{\mathrm{d}t}$$

即

$$u(t) = rI(t) + L_0\frac{\mathrm{d}I(t)}{\mathrm{d}t} - K_1\frac{\mathrm{d}e}{\mathrm{d}t} \tag{2-41}$$

对式（2-41）进行拉普拉斯变换，得

$$U(s) = (r + L_0 s)I(s) - K_1 s e(s) \tag{2-42}$$

将式（2-38）代入式（2-42）得

$$K_1 U(s) = (r + L_0 s)\left[\frac{Mg}{s} - K_2 e(s) - Ms^2 e(s)\right] - K_1^2 s e(s)$$

$$= -L_0 M s^3 \cdot e(s) - Mrs^2 \cdot e(s) - (L_0 K_2 + K_1^2)s \cdot e(s) -$$

$$rK_2 e(s) + (r + L_0 s)\cdot\frac{Mg}{s} \tag{2-43}$$

将式（2-43）还原微分方程（注：忽略 $L_0 Mg \cdot \delta(t)$ 项），得

$$L_0 M \cdot \dddot{e}(t) + Mr \cdot \ddot{e}(t) + (L_0 K_2 + K_1^2)\dot{e}(t) + rK_2 e(t) = rMg - K_1 u(t) \tag{2-44}$$

对式（2-44）进行代换：

设 $y(t) = e(t) - e_0$、$\dot{y} = \dot{e}$、$\ddot{y} = \ddot{e}$、$\dddot{y} = \dddot{e}$、$v(t) = \dfrac{rMg - rK_2 e_0 - K_1 u(t)}{ML_0}$，则式（2-44）可变为

$$\dddot{y} + \frac{r}{L_0}\ddot{y} + \frac{L_0 K_2 + K_1^2}{ML_0}\dot{y} + \frac{rK_2}{ML_0}y = v \tag{2-45}$$

对式（2-45）进行拉普拉斯变换得

$$s^3 y(s) + \frac{r}{L_0}s^2 y(s) + \frac{L_0 K_2 + K_1^2}{ML_0}s y(s) + \frac{rK_2}{ML_0}y(s) = v(s) \tag{2-46}$$

则系统的被控对象传递函数为

$$\frac{y(s)}{v(s)} = \frac{1}{s^3 + \dfrac{r}{L_0}s^2 + \dfrac{L_0 K_2 + K_1^2}{ML_0}s + \dfrac{rK_2}{ML_0}} \tag{2-47}$$

**2. 实验建模法**

所谓实验建模法，就是采用由特殊到一般的逻辑归纳方法，根据一定数量的在系统运行过程中实测、观察的物理量数据，运用统计规律、系统辨识等理论估计出反映系统各物理量相互制约关系的数学模型。其主要依据来自系统的大量实测数据，因此又称为实验测定法。

当对所研究系统的内部结构和特性尚不清楚、甚至无法了解时，系统内部的机理变化规

律就不能确定，通常称之为"黑箱"或"灰箱"问题，此时机理建模法无法应用。而根据所测得的系统输入输出数据，采用一定方法进行分析及处理来获得数学模型的统计模型法正好适用这种情况。通过对系统施加激励，观察和测取其响应，了解其内部变量的特性，并建立能近似反映同样变化的模拟系统的数学模型，就相当于建立起实际系统的数学描述（方程、曲线或图标等）。

（1）频率特性法

频率特性法是研究控制系统的一种应用广泛的工程实用方法。其特点在于通过建立系统频率响应与正弦输入信号之间的稳态特性关系，不仅可以反映系统的稳态性能，而且还可以用来研究系统的稳定性和暂态性能；可以根据系统的开环频率特性，判别系统闭环后的各种性能；可以较方便地分析系统参数对动态性能的影响，并能大致指出改善系统性能的途径。

频率特性物理意义十分明确，对稳定的系统或元件、部件都可以用实验方法确定其频率特性，尤其对一些难以列写动态方程和难于建立机理模型的系统，有特别重要的意义。

（2）系统辨识法

系统辨识法是现代控制理论与系统建模中常用的方法，它是依据测量到的输入与输出数据来建立静态与动态系统的数学模型，但其输出响应不局限于频率响应，阶跃响应或脉冲响应等时间响应都可作为反映系统模型静态与动态特性的重要信息；而且，确定模型的过程更依赖于各种高效率的最优算法及所测取数据的可靠性。因其在实践中能得到很好的运用，故已被广泛接受，并逐渐发展成为较成熟且日臻完善的一门学科。

所谓系统辨识，就是按照一定的准则，在一类假设模型中选择一个与实验数据拟合（或逼近）得最好的一个模型，如图 2-11 所示。

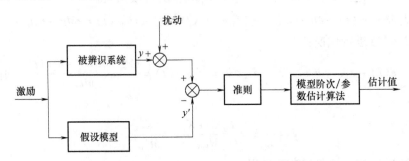

图 2-11  系统辨识建模法的基本框图

辨识系统的实验数据、假设模型、准则是系统辨识建模过程的三要素。这里需要说明，在系统建模时，首先要对实验数据进行预处理。对于确定的系统，用实验的方法建立模型时，人们只能测取有限的数据；接下来是用有限的数据建立起相应的数学描述（或模型），以尽可能精确地反映实际系统的特性，称之为逼近，所用基本方法为插值。所谓插值，就是求取两测量点之间函数值的计算方法，常用的有线性插值和三次样条插值。MATLAB 中提供了插值的功能函数。

**3. 综合建模法**

在许多工程实际问题的建模过程中，经常会遇到这样的问题：人们对其内部的结构与特性部分了解，但又难以完全用机理建模的方法来描述，需要结合一定的实验方法确定另一部分不了解的结构与特性，或者通过实际测定来求取模型参数。这一建模方法实际上就是将机理建模法与实验建模法有机地结合起来，故称之为综合建模法。

# 本 章 小 结

　　本章主要介绍了连续系统数值积分方法、控制系统的结构描述以及控制系统建模的基本方法。数值积分法就是利用数值积分的方法（如欧拉法、龙格-库塔法等方法）对常微分方程（组）建立离散化形式的数学模型——差分方程，并求其数值解。重点掌握数值积分方法的基本原理及工程中选择数值积分方法的基本原则，包括精度、计算速度及稳定性。控制系统结构描述中介绍了典型结构、典型环节和连接矩阵，连接矩阵结合各环节的数学描述，可以构造复杂系统的仿真模型，在仿真中起着重要的作用。

# 习　　题

2-1　控制算法的步长应该如何选择？

2-2　控制系统的建模通常有哪几种方法？

2-3　用欧拉法求如下系统输出响应 $y(t)$ 在 $0 \leqslant t \leqslant 1$ 且 $h = 0.1$ 时的数值解：

$$\dot{y} + y = 0, \ y(0) = 0.8$$

2-4　用二阶龙格-库塔法求题 2-3 的数值解，并比较两种方法的结果。

# 第 3 章

# MATLAB 语言的基础知识

控制系统计算机仿真离不开仿真软件，第 1 章简单介绍了 MATLAB R2015b 的特点及应用。本章将进一步介绍 MATLAB R2015b 的使用方法与基本应用，并通过实例学习，使读者对 MATLAB 有更进一步的认识，为控制系统的分析与设计打下坚实的基础。

## 3.1 MATLAB R2015b 的系统界面

了解并熟悉 MATLAB 的系统界面是使用 MATLAB 的基础，下面介绍 MATLAB R2015b 的启动、命令行窗口（Command Window）、当前目录（Current Folder）、工作空间（Work-space）、功能面板、M 文件编辑/调试器以及帮助系统。

### 3.1.1 MATLAB R2015b 的启动

在 MATLAB R2015b 的安装目录的 bin 文件夹下，双击"MATLAB. exe"程序图标，即可启动 MATLAB R2015b。如果安装时选择在桌面上生成快捷方式，也可以通过双击桌面快捷方式，直接启动 MATLAB R2015b。启动后，弹出 MATLAB R2015b 系统界面，如图 3-1 所示。

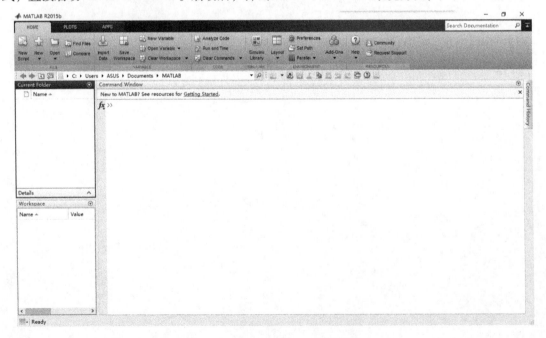

图 3-1　MATLAB R2015b 的系统界面

### 3.1.2　命令行窗口

命令行窗口（Command Window）是对 MATLAB 进行操作的主要载体。默认情况下，启动 MATLAB 时就会打开命令行窗口，一般来说，MATLAB 的所有函数和命令都可以在命令行窗口中执行。在 MATLAB 命令行窗口中，命令的实现不仅可以由菜单操作来实现，也可以由命令行操作来执行，下面详细介绍 MALTAB 命令行操作。

实际上，掌握 MALAB 命令行操作是走入 MATLAB 世界的第一步，命令行操作实现了对程序设计而言简单而又重要的人机交互，通过命令行操作，避免了编程的麻烦，体现了 MATLAB 特有的灵活性。MATLAB 命令行窗口中的"＞＞"为命令提示符，表示 MATLAB 正在处于准备状态。在命令提示符后输入命令并按下〈Enter〉键后，MATLAB 就会解释执行所输入的命令，并在命令后面给出计算结果。如图 3-2 所示，在命令行窗口中输入 cos(pi/3)，然后按下〈Enter〉键，就会得到该表达式的值。

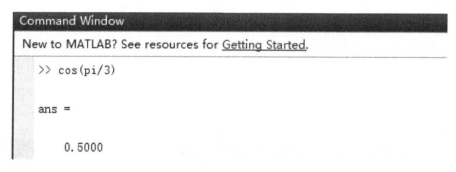

图 3-2　命令行窗口

可以看出，为求得表达式的值，只需按照 MATLAB 语言规则将表达式输入即可，结果会自动返回，而不必像其他的程序设计语言那样，编制冗长的程序来执行。当需要处理较复杂的计算时，可能在一行之内无法写完表达式，可以换行表示，此时需要使用续行符"…"（标点符号要在英文状态下输入，否则 MATLAB 将只计算一行的值，而不理会该行是否已输入完毕），例如：

```
>>cos(1/9 * pi) +cos(2/9 * pi) +cos(3/9 * pi) +...
cos(4/9 * pi) +cos(5/9 * pi) +cos(6/9 * pi)

ans =

  1.7057
```

使用续行符之后 MATLAB 会自动将前一行保留而不加以计算，并与下一行衔接，等待完整输入后再计算整个输入的结果。

在 MATLAB 命令行操作中，有一些键盘按键可以提供特殊而方便的编辑操作。比如：〈↑〉可用于调出前一个命令行，〈↓〉可调出后一个命令行，避免了重新输入的麻烦。用户可以用 clc 命令清除命令行窗口，此时只清除了显示，并不清除工作空间，仍然可以通过〈↑〉查看以前发出的命令。

### 3.1.3 当前目录

在当前目录（Current Folder）中，可显示或改变当前目录，还可以显示当前目录下的文件，包括文件名、文件类型、最后修改时间以及该文件的说明信息等，并提供搜索功能，如图3-3所示。

### 3.1.4 工作空间

在MATLAB中，工作空间（Workspace）是一个重要的概念。工作空间是指计算机在运行MATLAB的程序或命令过程中所生成的所有变量和MATLAB常量提供的存储空间。工作空间在MATLAB运行期间一直存在，关闭MATLAB后自动消失，当运行MATLAB程序时，程序中的变量将被加载到工作空间中，只有用特定的命令才可以删除某一变量，否则该变量在MATLAB关闭之前一直存在。由此可见，一个程序中的运算结果以变量的形式保存在工作空间后，在MATLAB关闭之前该变量还可以被其他程序调用。

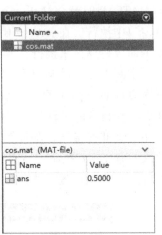

图3-3 当前目录窗口

工作空间窗口将显示所有目前保存在内存中的MATLAB变量的变量名、数据结构、字节数以及类型，而不同的变量类型分别对应不同的变量名图标，如图3-4所示。

| Name ▲ | Value | Size | Bytes | Class |
|---|---|---|---|---|
| ⊞ ans | 0.5000 | 1x1 | 8 | double |

图3-4 工作空间窗口

用户可用命令对工作空间中的变量进行显示、删除或保存等操作。例如，在MATLAB命令行窗口直接输入"who"和"whos"命令，将可以看到目前工作空间的所有变量；"save"命令可以保存工作空间的变量；"clear"命令可以删除工作空间的变量；也可以在工作空间窗口用鼠标右键对选定的变量进行操作。

### 3.1.5 功能面板

MATLAB R2015b的系统界面上有主面板（HOME）、绘图面板（PLOTS）、应用软件面板（APPS）三个功能面板，具体介绍如下：

（1）主面板 主面板（HOME）分为六个区域，分别为"FILE""VARIABLE""CODE""SIMULINK""ENVIRONMENT"和"REASOURCES"。其中，"FILE"区域用于对文件的操作；"VARIABLE"区域主要用于对变量的操作；"CODE"区域用于对程序代码的操作；"SIMULINK"区域只有一个"Simulink Library"功能按钮，用于打开Simulink界面；"ENVIRONMENT"区域主要进行界面的环境设置；"REASOURCES"区域包括帮助（Help）、社区（Community）、需求支持（Request Support）。

（2）绘图面板 绘图面板（PLOTS）分为三个区域，分别为"SELECTION""PLOTS"和

"OPTIONS"。"SELECTION"区域显示在工作空间窗口（Workspace）中需要绘图的变量；"PLOTS"区域根据"SELECTION"区域选择的变量显示相应的绘图类型；"OPTIONS"区域有两个选项"Reuse Figure（擦除图形后在原图上绘制）"以及"New Figure（新建图形）"。

（3）应用软件面板　应用软件面板（APPS）的工具栏分为两个区域，分别为"FILE"和"APPS"。MATLAB R2015b 在具有图形用户界面的 MATLAB 程序设计上的更新，使得设计更加人性化。

## 3.1.6　M 文件编辑/调试器窗口

### 1. 创建新 M 文件

创建 M 脚本文件。通过单击主面板中"FILE"区域的"New Script"功能按钮或"New"菜单中的"Script"命令，创建一个新的脚本文件，与此同时，系统界面增加了 ED-ITOR、PUBLISH 以及 VIEW 三个面板，如图 3-5 所示。新的脚本文件为空白，无任何命令。

图 3-5　创建 M 脚本文件

创建 M 函数文件。在主面板界面下，通过单击"FILE"区域"New"菜单中的"Function"命令，创建一个新的函数文件，此时同样增加了 EDITOR、PUBLISH 以及 VIEW 三个面板，如图 3-6 所示。新的函数文件中有 function 和 end 语句。

图 3-6　创建 M 函数文件

**2. M 文件编辑/调试器窗口的使用**

MATLAB 的文件编辑/调试器窗口具有方便用户编辑和调试的功能。

（1）窗口的使用

在 M 文件编辑/调试器中，单击右侧边框上的橙色或红色横线可以看到对相应行的解释和建议，如图 3-7a 所示。选择"Go To"菜单中的"BOOKMARKS Set/Clear"命令可以添加书签，如图 3-7b 所示。

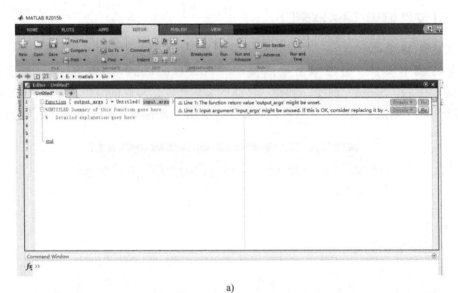

a)

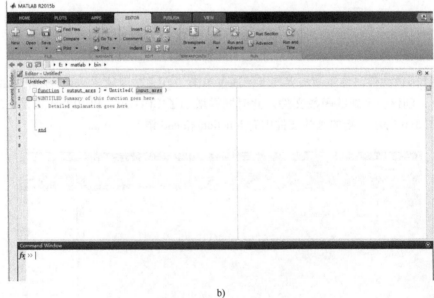

b)

图 3-7　M 文件编辑/调试器窗口的使用

（2）EDITOR 面板

EDITOR 面板中主要是编辑功能，单击"Run"按钮可以直接运行文件；单击"Run Section"按钮可以运行当前的程序区；单击"Run and Time"按钮可以运行并打开"Profile"窗口查看程序的运行时间。

（3）PUBLISH 面板

通过 PUBLISH 面板可以设置程序区、编辑程序以及发布程序。单击功能按钮"Section"可设置新的程序区，单击功能按钮"Publish"可以发布程序。

（4）VIEW 面板

通过 VIEW 面板可以设置页面显示样式。单击"Left/Right""Top/Bottom"以及"Custom"等功能按钮均可设置显示样式。单击功能按钮"Expand All"和功能按钮"Collapse All"可实现对全部程序指令的展开与折叠。

## 3.1.7 帮助系统

MATLAB 作为一款优秀的科学计算软件，具有比较完备的帮助体系，通过获取帮助信息，用户可以更好地运用 MATLAB 资源，快捷、可靠、有效地解决各种问题。

用户可以通过单击主面板（HOME）中"REASOURCES"区域的"Help"按钮来获得帮助。此外，MATLAB 也提供了在命令行窗口获得帮助的方法，在命令行窗口中获得 MATLAB 帮助的命令及说明列于表 3-1 中，其调用格式为"命令 + 指定参数"。

表 3-1　MATLAB 帮助命令

| 命　令 | 说　　明 |
|---|---|
| doc | 在帮助浏览器中显示指定函数的参考信息 |
| help | 在命令行窗口中显示 M 文件帮助 |
| helpbrowser | 打开帮助浏览器，无参数 |
| lookfor | 在命令行窗口中显示具有指定参数特征函数的 M 文件帮助 |

例如：

```
>> help sin
 sin    Sine of argument in radians.
    sin(X) is the sine of the elements of X.


    See also asin, sind.


    Reference page for sin
    Other functions named sin
```

另外，也可以通过调用演示模型（Demo）来获得特殊帮助。在命令行窗口中运行 demo 指令，或单击"Help"菜单中的"Examples"命令，就会出现图 3-8 所示的 Demo 演示系统。MATLAB Examples 里面又分为"Getting Started""Language Fundamentals""Mathematics"等一系列的演示。

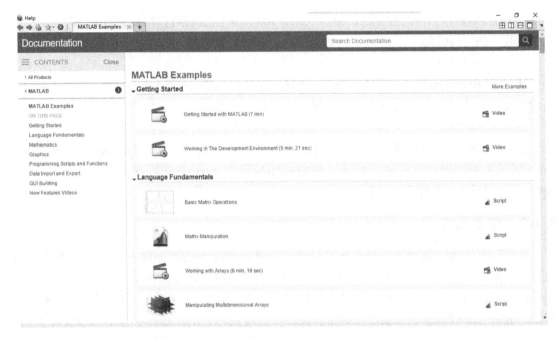

图 3-8　Demo 演示系统

## 3.2　MATLAB 的基础知识

### 3.2.1　数值类型与数值显示格式

　　MATLAB 中的数值类型包括有符号和无符号整数、单精度浮点数和双精度浮点数。未加说明与特殊定义时，MATLAB 对所有数值按照双精度浮点数类型进行存储和操作。在需要时，可以指定系统按照整数型或单精度浮点型对指定的数字或数组进行存储、运算等操作。在满足精度要求的前提下，相对于双精度浮点数格式，整数型与单精度浮点型的优点在于节省变量占用的内存空间。

　　MATLAB 语言中的数值有多种显示形式，在默认情况下，若数据为整数，则就以整数表示；若数据为实数，则以保留小数点后 4 位的精度近似表示。如果结果中的有效数字超出了这一范围，则 MATLAB 以科学记数法显示结果。用户可以在主面板中通过 "Preferences" 功能按钮设置数据的显示格式，这种设置不会因 MATLAB 关闭而改变。除此之外，用户还可以用 format 命令来改变数值的显示格式。

　　MATLAB 语言提供了 10 种数据显示格式，常用的有如下几种：

| | |
|---|---|
| short | 小数点后 4 位（系统默认显示） |
| long | 小数点后 14 位 |
| short e | 4 位指数形式 |
| long e | 15 位指数形式 |
| hex | 十六进制 |
| rat | 小数的有理除式近似 |

### 3.2.2　字符和字符串

字符和字符串运算是各种高级语言必不可少的部分，MATLAB 中的字符串是其进行符号运算表达式的基本构成单元。

在 MATLAB 中，字符串和字符数组基本上是等价的，所有的字符串都用单引号括起来进行输入或赋值（当然也可以用函数 char 来生成），字符串的每个字符（包括空格）都是字符数组的一个元素。例如：

```
>> s ='MATLAB AND SIMULINK'

s =

MATLAB AND SIMULINK

>> size(s)

ans =

     1    19
```

字符串的连接可以通过直接连接字符串数组来实现。例如：

```
>> A ='MATLAB AND';
>> B ='SIMULINK';
>> C =[A,B]

C =

MATLAB AND SIMULINK
```

### 3.2.3　矩阵的生成

矩阵是 MATLAB 数据存储的基本单元，而矩阵的运算是 MATLAB 语言的核心，MAT-LAB 中几乎一切运算均是以对矩阵的操作为基础的。下面介绍矩阵的生成。

**1. 直接输入法**

从键盘上直接输入矩阵是最方便、最常用的创建数值矩阵的方法，尤其适合较小的简单矩阵。在用此方法创建矩阵时，应当注意以下几点：

1）输入矩阵时要以"[ ]"为其标识符号，矩阵的所有元素必须都在中括号内。

2）矩阵同行元素之间由空格或逗号分隔，行与行之间用分号或回车键分隔。

3）矩阵大小不需要预先定义。

4）矩阵元素可以是运算表达式。

5）若"[ ]"中无元素，则表示空矩阵。

例如，矩阵 $A = \begin{pmatrix} 1 & 2 & 3 \\ 4 & 5 & 6 \\ 7 & 8 & 9 \end{pmatrix}$ 可以由下面的 MATLAB 语句直接输入到工作空间中：

```
>>A=[1 2 3;4 5 6;7 8 9]

A =

    1    2    3
    4    5    6
    7    8    9
```

如果不想显示输入结果，则应该在语句末尾加一个分号，如：

```
>>A=[1 2 3;4 5 6;7 8 9];%给A矩阵赋值,但不显示结果
```

MATLAB 中也可以很容易地输入向量和标量。例如，行向量和列向量的输入：

```
>>row=[1  3,4  5]

row =

    1 3 4 5
>>column=[1;3;4;5]

column =

    1
    3
    4
    5
```

另外，MATLAB 语言定义了独特的冒号表达式来给行向量赋值，其基本格式为

$$a = s1:s2:s3$$

式中，s1 为起始值；s2 为步距；s3 为终止值；默认设置步距为1。

例如：

```
>>a=0:0.5:4

a =

                                                0
 0.5000   1.0000   1.5000   2.0000   2.5000   3.0000   3.5000   4.0000
```

其次，通过使用冒号，可以截取矩阵中的指定部分，例如：

```
>>A=[1 2 3;4 5 6;7 8 9];
>>B=A(1:2,:)
```

```
    B =

        1    2    3
        4    5    6
```

通过上例可以看出，**B** 是由矩阵 **A** 的 1 到 2 行和相应的所有列的元素构成的一个新的矩阵。在这里，冒号代替了矩阵 **A** 的所有列。

矩阵的输入也可以用表达式表示，例如：

```
>>b = 2;c = 3;d = 4;
>>X = [5  b  c;b * c + d  c/b  d]

    X =

        5.0000    2.0000    3.0000
       10.0000    1.5000    4.0000
```

复数矩阵的输入同样也很简单，在 MATLAB 中定义两个记号 i 和 j，可以直接输入复数矩阵。确切地说，MATLAB 以复数矩阵为最基本的变量单元。例如，矩阵 $C = \begin{pmatrix} 1+2i & 3+5i \\ 6+4i & 5+5i \end{pmatrix}$ 可以通过下面的 MATLAB 语句直接进行输入：

```
>>C = [1 + 2i  3 + 5i;6 + 4i  5 + 5i]

    C =

        1.0000 + 2.0000i    3.0000 + 5.0000i
        6.0000 + 4.0000i    5.0000 + 5.0000i
```

### 2. 外部文件读入法

MATLAB 允许用户调用在 MATLAB 环境之外定义的矩阵。可以利用任意的文本编辑器编辑所要使用的矩阵，矩阵元素之间以特定分断符分开，并按行列布置，保存成 ∗.txt、∗.csv 或 ∗.dat 等类型的文件。然后通过 MATLAB 主面板中"VARIABLE"区域的数据输入功能按钮（Import Data）或 MATLAB 函数实现数据读入。

在命令行窗口或 M 文件中调用相应的函数也可以实现数据的读入，如 textscan( ) 函数，基本格式为

$$C = textscan(fid, 'format')$$

常用格式有以下几种：

| | |
|---|---|
| %d | 读入有符号的整型数据 |
| %u | 读入整型数据 |
| %f | 读入浮点数据 |
| %s | 读入包含空格或分隔符的字符串 |
| %q | 读入包含双引号的字符串 |
| %c | 读入含空格的字符数据 |

例如：假设"data. txt"文件中包含以下内容：

| Sally | Level1 | 12.34 | 45 | 1.23e10 | inf | Nan | Yes | 5.1 +3i |
| Joe | Level2 | 23.54 | 60 | 9e19 | -inf | 0.001 | No | 2.2 -.5i |
| Bill | Level3 | 34.90 | 12 | 2e5 | 10 | 100 | No | 3.1 +.1i |

使用 textscan( ) 函数读取该文件内容的第一列。

具体操作如下，在命令行窗口输入以下程序，按〈Enter〉键，即可得出结果：

```
>> fid = fopen('data.txt');
>> C = textscan(fid,'%s%s%f32%d8%u%f%f%s%f');
>> fclose(fid);
>> C{1}'

ans =

    'Sally'    'Joe'    'Bill'
```

另外，也可以利用 load 函数，其调用方法为"load + 文件名［参数］"。load 函数将会从文件名所指定的文件中读取数据，并将输入的数据赋给以文件名命名的变量。如果不给定文件名，其将自动认为 matlab. mat 文件为操作对象，如果该文件在 MATLAB 搜索路径中不存在，则系统将会报错。

例如：建立文件 data. txt：　　1　　2　　3
　　　　　　　　　　　　　　4　　5　　6

在 MATLAB 命令行窗口中输入：

```
>> load data.txt
>> data

data =

    1    2    3
    4    5    6
```

### 3. 利用 MATLAB 提供的函数

对于一些比较特殊的矩阵（单位矩阵、含 1 或 0 较多的矩阵），由于其具有特殊的结构，MATLAB 提供了一些函数用于生成这些矩阵，常用的有如下几种：

| | |
|---|---|
| zeros( m ) | 生成 m 阶全 0 矩阵 |
| eye( m ) | 生成 m 阶单位矩阵 |
| ones( m ) | 生成 m 阶全 1 矩阵 |
| rand( m ) | 生成 m 阶均匀分布的随机矩阵 |
| randn( m ) | 生成 m 阶正态分布的随机矩阵 |
| magic( m ) | 生成 m 阶魔方矩阵 |

第 3 章

MATLAB 语言的基础知识

还可以利用 MATLAB 的如下函数生成标准矩阵：

diag(X)　　　　　　　　　　　生成对角矩阵

logspace(x1,x2,N)　　　　　　在区间 $10^{x1} \sim 10^{x2}$ 上生成 N 点对数分度的向量

linspace(x1,x2,N)　　　　　　在区间 $x1 \sim x2$ 上生成 N 点线性分度的向量

在 MATLAB 命令行窗口中输入"help elmat"并按〈Enter〉键，可以看到 MATLAB 提供的标准矩阵生成函数。

## 3.3　矩阵的运算

### 3.3.1　矩阵的数学运算

如果一个矩阵 $A$ 有 $n$ 行、$m$ 列元素，则称矩阵 $A$ 为 $n \times m$ 矩阵；若 $n = m$，则矩阵 $A$ 又称为方阵。MATLAB 中定义了如下各种矩阵的基本代数运算。

**1. 矩阵转置**

在数学公式中，一般把一个矩阵的转置记作 $A^T$；在 MATLAB 中，"A'"表示矩阵 $A$ 的转置。假设矩阵 $A$ 为一个 $n \times m$ 矩阵，则其转置矩阵 $B$ 的元素定义为 $b_{ji} = a_{ij}(i = 1, \cdots, n, j = 1, \cdots, m)$，故 $B$ 为 $m \times n$ 矩阵。

如果矩阵 $A$ 含有复数元素，则其转置矩阵首先对各个元素进行转置，然后再逐项求取其共轭复数值。这种转置方式称为 Hermit 转置。

**【例 3-1】** 求 $A = \begin{pmatrix} 2-i & 4+i & 1 \\ 4 & 6i & 8+i \end{pmatrix}$ 的转置。

**解**　程序如下：

```
% 共轭转置
>>A =[2 - i 4 + i 1;4 6i 8 + i];
>>B = A'


B =


    2.0000 +1.0000i    4.0000 +0.0000i
    4.0000 -1.0000i    0.0000 -6.0000i
    1.0000 +0.0000i    8.0000 -1.0000i
```

**2. 四则运算**

矩阵的加、减、乘运算符分别为" +、-、*"，用法与数字运算几乎相同，但计算时要满足其数学要求（如维数相同的矩阵才可以加、减；维数相容的矩阵才可以相乘）。如果常数与矩阵进行加、减、乘运算，即是与该矩阵的每一元素进行相应的加、减、乘运算。

**【例 3-2】** 求矩阵 $A = \begin{pmatrix} 1 & 2 \\ 3 & 4 \end{pmatrix}$ 和矩阵 $B = \begin{pmatrix} 5 & 6 \\ 7 & 8 \end{pmatrix}$ 的乘积矩阵。

**解**　程序如下：

```
>>A=[1  2;3  4];
>>B=[5  6;7  8];
>>C=A*B

C =

      19    22
      43    50
```

如果矩阵 $A$ 和 $B$ 的维数不相容，如 $B = \begin{pmatrix} 5 & 6 \\ 7 & 8 \\ 9 & 0 \end{pmatrix}$，则系统将给出错误信息：

```
>>A=[1  2;3  4];
>>B=[5  6;7  8;9  0];
>>C=A*B
Error using  *
Inner matrix dimensions must agree.
```

在 MATLAB 中，矩阵的除法有两种形式：左除 "\" 和右除 "/"。它涉及矩阵的求逆运算。$A \backslash B$ 为方程 $AX = B$ 的解，若 $A$ 为非奇异方阵，则 $X = A^{-1}B$。如果矩阵 $A$ 不是方阵，这时使用最小二乘解法求取矩阵 $X$。$B/A$ 相当于求 $XA = B$ 的解，若 $A$ 为非奇异方阵，则 $X = BA^{-1}$。当常数与矩阵进行除运算时，常数通常只能作为除数。

**3. 乘方运算**

当矩阵 $A$ 为方阵时，其乘方矩阵可以由 $A^x$ 求出，其中 $x$ 为常数。

【例 3-3】 若 $A = \begin{pmatrix} 1 & 2 & 3 \\ 4 & 5 & 6 \\ 7 & 8 & 9 \end{pmatrix}$，求 $A^2$ 和 $A^{0.2}$。

**解** 程序如下：

```
>>A=[1  2  3;4  5  6;7  8  9];
>>A^2

ans =

      30      36      42
      66      81      96
     102     126     150

>>A^0.2          %矩阵开 5 次方

ans =
```

$$0.7921 + 0.4335i \qquad 0.4016 + 0.1174i \qquad 0.0119 - 0.1982i$$
$$0.5080 + 0.0477i \qquad 0.5620 + 0.0134i \qquad 0.6143 - 0.0221i$$
$$0.2247 - 0.3376i \qquad 0.7207 - 0.0918i \qquad 1.2175 + 0.1546i$$

### 3.3.2 矩阵的数组运算

在进行工程计算时，常常遇到矩阵对应元素之间的直接运算，这种运算不同于前面讲的数学运算，而是数组运算，又称点运算。

**1. 点转置**

对于实数矩阵来说，点转置和转置完全相同。而对于复数矩阵来说，两种转置差别很大，点转置后不再取共轭。

【例 3-4】求矩阵 $A = \begin{pmatrix} 2-i & 4+i & 1 \\ 4 & 6i & 8+i \end{pmatrix}$ 的点转置。

**解**　程序如下：

```
>>A =[2 - i  4 +i  1;4  6i  8 +i];
>>B =A.'

B =

   2.0000 -1.0000i    4.0000 +0.0000i
   4.0000 +1.0000i    0.0000 +6.0000i
   1.0000 +0.0000i    8.0000 +1.0000i
```

**2. 基本运算**

数组的加减运算与矩阵的加减运算完全相同。但乘除运算有相当大的区别，数组的乘除运算是指两同维数组对应元素之间的乘除运算，它们的运算符为".＊"和"./"（或".\"）。前面讲过，常数与矩阵的除法运算中常数只能作为除数，而数组运算中有了"对应关系"的规定，数组与常数之间的除法运算就没有任何限制了。

另外，矩阵的数组运算中还有幂运算（运算符为".^"）、指数运算（exp）、对数运算（log）和开方运算（sqrt）等基本初等函数运算。有了"对应元素"的规定，数组运算实质上就是针对矩阵中每个元素进行的运算。

【例 3-5】若 $a = \begin{pmatrix} 2 & 1 & -3 \\ 3 & 1 & 0 \\ -1 & 2 & 4 \end{pmatrix}$，求 $a$ 的二次幂运算。

**解**　程序如下：

```
>>a =[2  1  -3;3  1  0;-1  2  4];
>>a^2

ans =
```

```
      10    -3   -18
       9     4    -9
       0     9    19

>>a.^2

ans =

       4     1     9
       9     1     0
       1     4    16
```

由此可见，矩阵的幂运算与数组的幂运算有很大的区别。

**3. 逻辑关系运算**

逻辑关系运算是 MATLAB 中数组运算所特有的一种运算形式，也是几乎所有的高级语言普遍适用的一种运算，用法见表 3-2。

表 3-2　逻辑关系运算用法

| 符号运算符 | 功能 | 函数名 |
|---|---|---|
| & | 逻辑与 | and |
| \| | 逻辑或 | or |
| ~ | 逻辑非 | not |
| | 逻辑异或 | xor |
| = = | 等于 | eq |
| ~ = | 不等于 | ne |
| < | 小于 | lt |
| > | 大于 | gt |
| < = | 小于或等于 | le |
| > = | 大于或等于 | ge |

在关系比较中，若比较的双方为同维数组，则比较的结果也是同维数组。它的元素值由 0 和 1 组成。当比较双方对应位置上的元素值满足给定的比较关系时，则它的对应值为 1，否则为 0。当比较的双方中一方为常数，另一方为一数组时，则比较的结果与数组同维。

这里需要说明，在算术运算，比较运算和逻辑与、或、非运算中，它们的优先级关系为：比较运算 > 算术运算 > 逻辑与、或、非运算。例如：

```
>>a =[1  2  3;4  5  6;7  8  9];
>>x =5;
>>x =x < =a

x =
```

```
            0    0    0
            0    1    1
            1    1    1

    >>b =[0  1  0;1  0  1;0  0  1];
    >>ab = a&b


ab =


            0    1    0
            1    0    1
            0    0    1
```

MATLAB 还提供了一些特殊的函数，如查询满足某关系的数组下标的 find 函数。例如：

```
    >>A = eye(2,3);
    >>find(A ~ =0)


ans =


            1
            4


    >>a =10:20;
    >>find(a >15)


ans =


            7    8    9    10    11
```

### 3.3.3  矩阵的基本操作

#### 1. 矩阵下标

MATLAB 通过确认下标，可以对矩阵进行插入子块、提取子块和重排子块等操作。为了提取矩阵 $a$ 的第 $n$ 行、第 $m$ 列的元素值，使用 "a(n,m)" 可以得到。同样，将矩阵 $a$ 的第 $n$ 行、第 $m$ 列的元素赋值为 2，使用 "a(n,m) =2" 命令即可。在矩阵赋值时，如果行或列超出矩阵的大小，则 MATLAB 自动扩充矩阵的规模，使其可以赋值，扩充部分以零填充。例如：

```
    >>a =[1  2  3  4;5  6  7  8;9  10  11  12;13  14  15  16];
    >>a(1,2) +a(3,4)


ans =


        14
```

利用矩阵下标，MATLAB 还提供了子矩阵功能。同样是上面的 "a(n,m)"，如果 $n$ 和 $m$ 是向量，而不是常数，则将获得指定矩阵的子块。例如：

```
>>a(3:4,1:2)

ans =

    9   10
   13   14
```

矩阵的子块还可以被赋值。如果在提取子块时，$n$ 或 $m$ 是 ":"，则返回指定的所有行或列；如果矩阵子块赋值为空矩阵（用 "[]" 表示），则相当于删除相应的行列。例如：

```
>>a(1:2,:)

ans =

    1    2    3    4
    5    6    7    8

>>a(1:2,:)=[]

a =

    9   10   11   12
   13   14   15   16
```

### 2. 矩阵大小

MATLAB 提供了获得矩阵或向量大小的函数 size 和 length。

size 函数按照下面的形式使用：$[m,n]=size(a,x)$。一般不用输入参量 x。当只有一个输出变量时，返回一个行向量，第一个数为行数，第二个数为列数；如果有两个输出变量，则第一个返回量为行数，第二个返回量为列数。当使用输入变量 x 时，x = 1 返回行数，x = 2 返回列数，这时只有一个返回值。

length 函数用以返回行数或者列数的最大值，即 $length(a)=max(size(a))$。

### 3. 矩阵翻转

MATLAB 提供了矩阵翻转操作的函数。flipud() 函数用于矩阵上下翻转，fliplr() 函数用于矩阵左右翻转，"rot(90)" 用于矩阵逆时针翻转 90°。例如：

```
>>a=[1 2 3;4 5 6;7 8 9];
>>flipud(a)

ans =

    7    8    9
    4    5    6
    1    2    3
```

```
>>fliplr(a)

ans =

    3    2    1
    6    5    4
    9    8    7

>>rot90(a)

ans =

    3    6    9
    2    5    8
    1    4    7
```

**4. 矩阵函数**

MATLAB 中还提供了矩阵的专用函数，见表 3-3。在 MATLAB 命令行窗口输入"help matfun"并按回车键，即可看到这些函数的在线帮助。

表 3-3　矩阵专用函数

| 名　称 | 含　义 | 名　称 | 含　义 |
|---|---|---|---|
| norm | 计算矩阵范数 | poly | 计算矩阵的特征多项式 |
| rank | 计算矩阵的秩 | inv | 计算矩阵的逆 |
| det | 计算矩阵行列式 | pinv | 计算矩阵的伪逆 |
| trace | 计算矩阵的迹 | expm | 计算矩阵的指数 |
| eig | 计算矩阵的特征值、特征向量 | sqrtm | 计算矩阵的开方根 |

## 3.3.4　矩阵元素的数据变换

数据处理中常遇到取整的情况，对由小数构成的矩阵 $A$ 来说，取整有以下几种方案：

"floor(A)"　　　　将 $A$ 中元素按 $-\infty$ 方向取整，即取不足整数

"ceil(A)"　　　　将 $A$ 中元素按 $+\infty$ 方向取整，即取过剩整数

"round(A)"　　　　将 $A$ 中的元素按四舍五入取整

"fix(A)"　　　　将 $A$ 中元素按离 0 近的方向取整

随机数矩阵的数据变换举例：

```
>>A = -0.5 +2 * rand(2)

A =

    1.1294   -0.2460
    1.3116    1.3268
```

```
>> floor(A)

ans =

     1    -1
     1     1

>> ceil(A)

ans =

     2     0
     2     2

>> round(A)

ans =

     1     0
     1     1

>> fix(A)

ans =

     1     0
     1     1
```

# 3.4 符号运算

MATLAB 具有符号运算功能，其对象为非数值的符号对象。MATLAB 符号计算是通过符号数学工具箱（Symbolic Math Toolbox）实现的，和其他工具箱不同的是，该工具箱是使用字符串来进行符号分析与计算的。从 MATLAB R2008b 开始，默认的符号运算引擎就变成了 MuPAD，自此符号运算的功能也有了很大的扩展。

## 3.4.1 符号对象与符号表达式

符号数学工具箱定义了一种新的数据类型——sym 类，sym 类的一个实例就是符号对象（Symbolic Object），符号对象是一种数据结构，用来储存代表符号的字符串。而符号表达式是符号变量或者常量的组合。作为符号对象的符号常量、符号变量、符号函数及符号表达式，可以使用函数 sym、syms 创建，利用 class 函数可以测试建立的操作对象为何种操作对象类型以及是否为符号对象类型。

**1. 函数命令 sym**

S = sym ( s , 参数 )                %由数值创建符号对象

S = sym ( 's' , 参数 )              %由字符串创建符号对象

**2. 函数命令 syms**

syms ( s1 , s2 , s3 , … , 参数 )

syms s1    s2    s3 … 参数          %创建多个符号变量

说明：

S 为创建的符号对象。参数表示的是转换之后的格式。

当转换的 s 是数值时，参数可以是 'd' 'f' 'e' 'r' 四种格式。其中，'d' 的作用是返回最接近的小数；'f' 的作用是返回浮点型数值；'e' 的作用是返回最接近的带浮点估计误差的有理数型数值；'r' 的作用是返回最接近的有理数型数值。当转换的 s 是字符串时，参数可以是 'real' 'positive' 'clear' 等多种格式。其中，'real' 的作用是限定 s 为实型符号变量，此时 s 的共轭 conj(s) 与 s 相同；'positive' 的作用是限定 s 为正的实型符号变量；'clear' 的作用是清除 s 的限定。syms 函数的参数与 sym 函数的参数设置相同。

在 MATLAB R2015b 中，符号计算表达式的运算符和基本函数在形状、名称甚至使用方法上，与数值计算中的运算符和基本函数几乎相同，在此不再赘述。

## 3.4.2　符号表达式的基本操作

符号表达式往往比较繁琐，因此在运算时应根据需要对其进行操作。

**1. 合并功能**

R = collect ( S )          %将表达式 S 的相同次幂项合并

R = collect ( S , v )      %将表达式 S 中 v 的相同次幂项合并

**2. 展开功能**

R = expand ( S )          %将表达式 S 中各项展开

**3. 嵌套功能**

R = horner ( S )          %S 为符号多项式，R 为 S 对应转换的嵌套模式

嵌套功能的示例：

```
>> syms x y;
>> F = sym ('x^3 - 4 * x^2 + 5 * x - 6')


F =


x^3 - 4 * x^2 + 5 * x - 6


>> horner (F)


ans =


x * (x * (x - 4) + 5) - 6
```

### 4. 分解功能

factor(X)                    %若 X 不能分解成有理多项式，那么返回 X

分解功能的示例：

```
>> syms x,y;
>> F = sym(x^3 + 3 * y * x^2 + 3 * x * y^2 + y^3)


F =


x^3 + 3 * x^2 * y + 3 * x * y^2 + y^3


>> factor(F)


ans =


[x + y, x + y, x + y]


% X = x^3 + 3 * y * x^2 + 3 * x * y^2 + 7,不能分解成有理多项式,因此返回 X


>> syms x,y;
>> F = sym(x^3 + 3 * y * x^2 + 3 * x * y^2 + 7)


F =


x^3 + 3 * x^2 * y + 3 * x * y^2 + 7


>> factor(F)


ans =


x^3 + 3 * x^2 * y + 3 * x * y^2 + 7
```

### 5. 化简功能

R = simplify(S)              %通过算术简化规则对符号表达式进行化简

化简功能的示例：

```
>> sym x;
>> F = sym('(x^3 - 1)/(x - 1)')


F =


(x^3 - 1)/(x - 1)


>> simplify(F)
```

```
ans =

x^2 + x + 1
```

## 3.4.3  符号表达式的替换

MATLAB 提供了 subs( ) 函数和 subexpr( ) 函数进行符号表达式的替换。

**1. 替换函数 subs( )**

R = subs(S)                    %用工作区的变量值替代符号表达式 S 中的符号变量

sub 替换函数示例:

```
>>syms x y;
>>F = sym('x^2 + 2 * x * y + y^2')

F =

x^2 + 2 * x * y + y^2

>>x = 0

x =

    0

>>subs(F)

ans =

y^2                           %用 x = 0 替代符号表达式 S 中的 x,运行结果为 y^2
```

**2. 替换函数 subexpr**

[Y,SIGMA] = subexpr(S,SIGMA)        %用变量 SIGMA 的值替代符号表达式中重复出现
                                    的字符串

subexpr 替换函数示例:

```
>>syms x y;
F = (x + y)^2;
[r,s] = subexpr(F,'s')
r =
s^2
s =
x + y                         %找出 F 的公因子 x + y,记为 s,并把 s 重写的表达式赋给 r。
```

### 3.4.4 符号函数的可视化

MATLAB R2015b 的符号数学工具箱提供了符号函数可视化的指令，用户可以在界面窗口中很方便地进行符号函数运算。

#### 1. funtool 分析界面

在 MATLAB 的命令行窗口中输入 funtool 指令即可进入 funtool 分析界面，该界面具有功能简单、操作方便等特点，针对只有一个变量的符号表达式可以实现多种运算。该界面由两个图形窗口和一个函数运算控制窗口共三个窗口组成。其中，两个图形窗口中，一个显示 f 表达式曲线，另一个显示 g 表达式曲线。函数运算控制窗口即 funtool 窗口，用来修改 f、g、x、a 函数表达式和参数值，如图 3-9 所示。

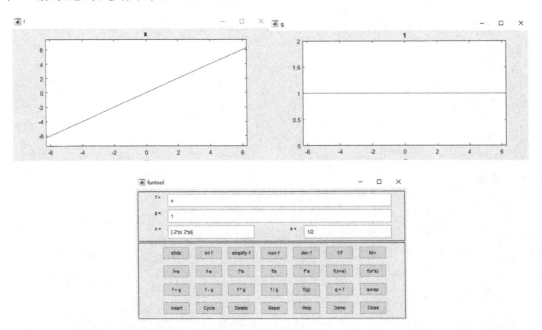

图 3-9　funtool 分析界面

#### 2. Taylor Tool 分析界面

在 MATLAB 的命令行窗口中输入 taylortool 指令即可进入 Taylor Tool 分析界面，该界面提供了在给定区间内被泰勒级数逼近的情况，该界面中实线为 $f(x)$ 的曲线，虚线为泰勒级数 $T_N(x)$ 的曲线。其中 "$a=0$"，则显示以 "1" 为观察点的 $f(x)$ 和 $T_N(x)$ 波形图，如图 3-10 所示。

### 3.4.5 控制系统中常用的符号运算

符号运算种类非常多，常用的符号运算有代数运算、积分和微分运算、极限运算、级数求和、进行方程求解等。而控制系统中常用的符号运算有微积分、拉普拉斯变换和 Z 变换等积分变换，具体介绍如下。

#### 1. 微分函数 diff( )

```
diff(f,x,n)        %表示 f 关于 x 求 n 阶导数
```

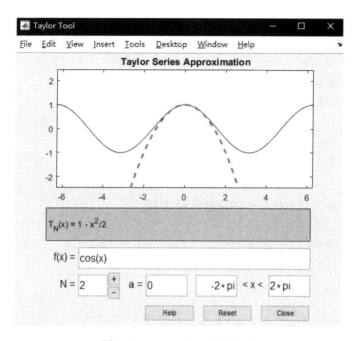

图 3-10　Taylor Tool 分析界面

【例 3-6】 已知表达式 $f = \sin(x^2)$，求 $f$ 对 $x$ 的导数。

**解**　程序如下：

```
>> sym x;  %定义符号变量
>> f = sin(x^2);
>> dfx = diff(f,x)


dfx =


2 * x * cos(x^2)
```

**2. 积分函数 int( )**

int(f,r,x0,x1)　　　%f 为表达式，r 为积分变量，若为定积分，则 x0、x1 为积分上下限

【例 3-7】 已知表达式 $f = x\lg(1 + x)$，求对 $x$ 的积分和 $x$ 在 $[0,1]$ 上的积分值。

**解**　程序如下：

```
>> syms x;               % 定义符号变量 x
>> f = x * log(1 + x);
>> int1 = int(f,x)       % 对 x 积分


int1 =


x/2 - x^2/4 + (log(x +1) * (x^2 -1))/2


>> int2 = int(f,x,0,1)   % 求[0,1]区间上的积分
```

```
int2 =

1/4
```

### 3. 拉普拉斯变换及其反变换

（1）拉普拉斯变换函数 laplace( )

L = laplace(F)   % F 是时域函数表达式，约定的自变量是 t，得到的拉普拉斯变换函数是 L

（2）拉普拉斯变换反函数 ilaplace( )

F = ilaplace(L)   % 将拉普拉斯函数 L 变换为时域函数 F

【例 3-8】 求函数 $f(t) = t - \sin t$ 的拉普拉斯变换。

**解** 程序如下：

```
>> syms t s;
>> f = t - sin(t);
>> L = laplace(f)

L =

1/s^2 - 1/(s^2 + 1)
```

### 4. Z 变换及其反变换

（1）Z 变换函数 ztrans( )

F = ztrans(f)   % 函数返回独立变量 n 关于符号向量 f 的 Z 变换函数，这是默认的调用格式

F = ztrans(f,w)   % 函数返回独立变量 n 关于符号向量 f 的 Z 变换函数，用 w 替代默认的 z

F = ztrans(f,k,w)  % 函数返回独立变量 n 关于符号向量 k 的 Z 变换函数

（2）Z 变换反函数 iztrans( )

f = iztrans(F)   % 函数返回独立变量 z 关于符号变量 F 的 Z 反变换函数，这是默认的调用格式

f = iztrans(F,k)   % 函数返回独立变量 k 关于符号向量 F 的 Z 反变换函数，用 k 代替默认的 z

f = iztrans(F,w,k)  % 函数返回独立变量 w 关于符号向量 F 的 Z 反变换函数

【例 3-9】 求函数 $f(t) = \sin(k*n)$ 的 Z 变换。

**解** 程序如下

```
>> syms n k z;
>> x = ztrans(sin(k*n))

x =

(z*sin(k))/(z^2 - 2*cos(k)*z + 1)
```

```
>> syms n k z w;
>> x = ztrans(sin(k * n),w)

x =

(w * sin(k))/(w^2 - 2 * cos(k) * w +1)
```

## 3.5  MATLAB 的编程基础

MATLAB 和其他的程序设计语言一样，要实现复杂的功能和进行较大系统的分析设计时也需要编制程序、调用各种子函数。本节主要介绍变量的基本概念、编制程序的基本控制结构和其他常用指令，以及 M 文件的编辑和使用。

### 3.5.1  变量、常量和语句

变量是任何程序设计语言的基本要素之一，MATLAB 语言当然也不例外。与常规的程序设计语言不同的是，MATLAB 并不要求事先对所使用的变量进行声明，也不需要指定变量类型，MATLAB 语言会自动依据所赋予变量的值或对变量所进行的操作来识别变量的类型。在赋值过程中，如果赋值变量已存在，则 MATLAB 语言将使用新值代替旧值，并以新值类型代替旧值类型。

MATLAB 语言变量名应该由一个字母引导，后面可以跟字母、数字、下划线等，不能含有标点符号、空格或者中文。例如，Temp10、Keyboard_01 和 Set_para_均为有效的变量名，而 10Temp 和_Temp10 为无效的变量名。变量名最多可包含63 个字符，为了保证程序的可读性以及维护方便，变量名一般有一定的含义。

MATLAB 中的变量名是区分大小写的，就是说，Abc 和 ABc 是不同的变量，此外也不能使用 MATLAB 的关键字作为变量名，同时应避免使用函数名作为变量名，若变量采用函数名，那么该函数失效。

MATLAB 中还有自己的一些特殊变量，称之为常量，虽然这些常量都可以重新赋值，但建议编程时尽量避免对这些量重新赋值常用的常量如下：

pi ——圆周率 π 的双精度浮点表示。

eps——机器的浮点运算误差限。计算机上 eps 的默认值为 $2.2204 \times 10^{-16}$，若某个量的绝对值小于 eps，则可以认为这个量为 0。

i 和 j——若 i 或 j 量不被改写，则它们表示纯虚数 i。但在 MATLAB 编程中经常事先改写这两个变量的值，如在循环过程中常用这两个变量来表示循环变量，因此应该确认使用这两个变量时其没有被改写。如果想恢复该变量，则可以用如下形式设置：i = sqrt( -1)，即对 -1 求平方根。

inf——无穷大量（ +∞）的 MATLAB 表示。同样， -∞ 可以表示为 -inf。在 MATLAB 程序执行时，即使遇到了以 0 为除数的运算，程序也不会终止运行，而将结果赋成 inf，这样的定义方式符合 IEEE 标准。从数值运算编程角度看，这样的实现形式明显优于 C 这样的非专用语言。

NaN——不定值（Not a Number），通常由 0/0 运算、Inf/Inf 及其他可能的运算得出。NaN 是一个很奇特的量，如 NaN 与 Inf 的乘积仍为 NaN。

lasterr——存放最新一次的错误信息。此变量为字符串型，如果在本次执行过程中没出现过错误，则此变量为空字符串。

lastwarn——存放最新的警告信息。若未出现过警告，则此变量为空字符串。

realmin—— 最小的可用正实数。

realmax—— 最大的可用正实数。

ans—— 系统默认的用作保留运算结果的变量名。

在 MATLAB 语言中，定义变量时应避免与常量名重复，以防改变这些常量的值，如果已改变了某些常量的值，可以通过"clear + 常量名"命令恢复该常量的初始设定值。

MATLAB 语言的语句有如下两种结构：

（1）直接赋值语句

直接赋值语句的基本结构如下：

$$赋值变量 = 赋值表达式$$

实现功能：把等号右边的表达式直接赋给左边的赋值变量，并返回 MATLAB 的工作空间。例如：$a = (1 + \mathrm{sqrt}(10))/2$、$b = \mathrm{abs}(3 + 5i)$、$c = \sin(\exp(-2.3))$、$e = \mathrm{pi} * d$ 均为规范的赋值语句。

如果赋值表达式后面没有分号，则将在 MATLAB 命令行窗口中显示表达式的运算结果。若不想显示运算结果，则应该在赋值语句的末尾加一个分号。如果省略了赋值变量和等号，则表达式运算的结果将赋给特殊变量 ans。所以说，特殊变量 ans 将永远存放最近一次无赋值变量的表达式运算结果。

（2）函数调用语句

函数调用语句的基本结构为

$$[返回变量列表] = 函数名（输入变量列表）$$

其中，函数名的要求和变量名的要求是一致的，一般函数名应该对应在 MATLAB 路径下的一个文件，例如，函数名 Vdp 应该对应于 Vdp. m 文件。当然，还有一些函数名需对应于 MATLAB 内核中的内在（build-in）函数，如 sum( ) 函数等。

返回变量列表和输入变量列表均可以由若干个变量名组成，它们之间应该分别用逗号分隔，返回变量还允许用空格分隔，例如"$[Y,I] = \max(A)$"，该函数求取给定矩阵列向量的最大值及下标，所得的结果由 Y、I 两个变量返回。如果不想显示函数调用的最终结果，在函数调用语句后仍应该加一个分号，如"$[Y,I] = \max(A)$;"。

### 3.5.2 流程控制结构

MATLAB 平台上的流程控制结构与其他计算机编程语言十分类似，下面将分别介绍 MATLAB 流程控制结构中的 for 循环结构、while 循环结构、if 结构、switch 结构以及 try-catch 结构。

**1. for 循环结构**

for 循环结构包括 for 和 end 命令，常用于预先明确循环次数的情况。for 循环语句的调用格式为

```
for    循环控制变量   array
        循环体
end
```

注意，这里的循环语句是以 end 结尾的，这和 C 语言的结构不同。在 C 语言循环中，循环体的内容是被 ｛｝ 括起来的。而在 MATLAB 语言中，循环体的内容是被循环语句和 end 语句括起来。

调用格式中的"array"可以是向量也可以是矩阵，循环执行的次数就是相应向量或矩阵的列数。

例如：

```
for  i =1:2:12
        s =s +i;
    end
```

其中，循环次数由冒号表达式"1:2:12"决定，每次循环中循环变量依次取 array 的各列并执行循环体，直到所有列取完。本例中，array 为向量[1,3,5,7,9,11]，因此循环次数为 6 次。

【例 3-10】 创建 Hilbert 矩阵，该矩阵的元素表达式是 $a(i,j) = \dfrac{1}{i+j-1}$。

**解**    利用 for 循环的程序如下：

```
k =5;
H =zeros(k,k);          % 给矩阵预先分配存储空间,有利于提高运行速度
for m =1:k
        for n =1:k
                H(m,n) =1/(m +n -1);
        end

end
format rat
H

H =


        1            1/2          1/3          1/4          1/5
        1/2          1/3          1/4          1/5          1/6
        1/3          1/4          1/5          1/6          1/7
        1/4          1/5          1/6          1/7          1/8
        1/5          1/6          1/7          1/8          1/9
```

**2. while 循环结构**

while 循环结构与 for 循环结构的不同之处是，前者是以满足条件与否来判断循环是否继续，而后者则是以执行次数是否达到指定值来判断的。while 循环结构常用于预先知道循环进行条件（或循环结束条件）的情况。

while 循环结构的基本格式为

while　循环判断语句

　　　循环体

　　end

其中，循环判断语句为某种形式的逻辑判断表达式，当该表达式的逻辑值为真时，就执行循环体内的语句；当表达式的逻辑值为假时，就退出当前的循环体。如果循环判断语句为矩阵，当且仅当所有的矩阵元素非零时，表达式的逻辑值才被认为是真，除此之外都被认为是假，空矩阵也被认为是假。如果循环判断语句为 NaN 时，则不执行循环体并报错。

while 循环语句中必须有可以修改循环控制变量的命令，否则该循环语句将陷入死循环中，除非循环语句中有控制退出循环的命令，如 break 语句。当程序流程运行至该命令时，则无论循环控制变量是否满足循环判断语句均将退出当前循环，执行循环后的其他语句。

与 break 语句对应，MATLAB 还提供了 continue 命令用于控制循环，当程序运行至该命令时，会忽略其后的循环体操作转而执行下一层次的循环。

【例 3-11】 求满足 $(\sum_{i=1}^{m} i) > 1000$ 的最小 $m$ 值。

**解**　程序如下：

```
accum =1;
i =1;
while accum < =1000
    accum =accum +i;
    i =i +1;
end
[i,accum]


ans =

    46          1036
```

**3. if 结构**

if 结构包括 if、else、elseif 和 end 命令。if 结构的基本格式为

if　逻辑判断语句 1

　　语句段 1

elseif　逻辑判断语句 2

　　语句段 2

else　　语句段 3

end

当逻辑判断语句 1 为真时，将执行语句段 1；当逻辑判断语句 1 为假且逻辑判断语句 2 为真时，将执行语句段 2，否则将执行语句段 3。例如：

```
if  I = = J
    A(I,J) = 2;
elseif abs(I - J) = = 1
    A(I,J) = -1
else
    A(I,J) = 0;
end
```

if 结构中的 elseif 和 else 子句是可选项，语句中可以包含 0 个或多个 elseif 子句的条件判断。在程序设计中，经常碰到需要进行多重逻辑选择的问题。在各层次的逻辑判断中，若其中任意一层逻辑判断为真，则将执行对应的执行语句，并跳出该条件判断语句，其后的逻辑判断语句均不进行检查。

**4. switch 结构**

if 结构所对应的是多重判断选择，但有时也会遇到多分支判断选择的问题，MATLAB 语言为解决多分支判断选择提供了 switch 结构。switch 结构包括 switch、case、otherwise 和 end 命令，常用于各种条件的列举。switch 结构的基本格式为

switch　选择判断量

  case　选择判断值 1

    语句段 1

  case　选择判断值 2

    语句段 2

     &vellip;

  otherwise

    语句段 n

end

将选择判断量依次与 case 后面的选择判断值进行对照，满足某个范围就执行相应的语句段，如果都不满足则执行 otherwise 对应的语句段。选择判断量只能是标量或字符串，选择判断值可以是标量、字符串或元胞数组。当选择判断值为元胞数组时，如果选择判断量是该元胞数组的元素，则执行其对应的语句段。

与其他程序设计语言的 switch 结构不同的是，在 MATLAB 语言中，当其中一个 case 语句后的条件为真时，switch 结构不对其后的 case 语句进行判断，也就是说，在 MATLAB 语言中，即使有多条 case 判断语句为真，也只执行所遇到的第一条为真的语句。这样就不必像 C 语言那样，在每条 case 语句后加上 break 语句以防止继续执行后面为真的 case 条件语句。

使用 switch 结构判断插值算法所属类别示例：

```
method ='Bilinear';

switch lower(method)
    case {'linear','bilinear'}
        disp('Method is linear')
    case 'cubic'
        disp('Method is cubic')
```

```
        case 'nearest'
            disp('Method is nearest')
        otherwise
            disp('Unknown method.')
    end


Method is linear
```

**5. try- catch 结构**

当程序运行可能会出现错误时，可以使用 try- catch 结构来捕获和处理错误，避免程序出错而不能完整运行。格式如下：

try
　　　语句段1
catch
　　　语句段2
end

说明：先试探地执行语句段 1，如果正确，则不执行语句段 2 就结束；如果语句段 1 错误，将错误信息赋给 lasterr 变量，并放弃语句段 1 而执行语句段 2，如果语句段 2 正确则结束，如果语句段 2 错误则程序出错。

例如，取某矩阵的第 10 行，若不存在则取最后一行：

```
a =magic(5);
try
    b =a(10,:)
catch
    b =a(end,:)
end


b =

    11  18  25  2  9


lasterr

ans =

Index exceeds matrix dimensions.
```

## 3.5.3　其他常用命令

**1. return 命令**

return 命令用于提前结束程序的执行，并立即返回上一级调用函数或等待键盘输入命令。一般用于遇到特殊情况需要立即退出程序或终止键盘方式。

通常，当被调用函数执行完成后，MATLAB 会自动将"控制权"转回主函数或命令行窗口。但是，如果在被调用函数中插入 return 命令，可以强制 MATLAB 结束执行该函数并把"控制权"转出。

**2. keyboard 命令**

keyboard 命令用来使程序暂停运行，此时 MATLAB 将"控制权"暂时交给键盘，用户可以通过键盘输入各种指令，此时命令行窗口出现"K >>"提示符，当键盘输入"dbcont"并按〈Enter〉键后，"控制权"重新交还给 MATLAB，程序继续运行。

**3. input 命令**

input 命令将 MATLAB 的"控制权"暂时交给用户，用户通过键盘输入数值/字符串或表达式等，并按〈Enter〉键将输入内容传递到工作区，同时把"控制权"交还给 MATLAB。其命令格式为

```
r = input('str','s')          % 从键盘中输入数据并保存到变量 r 中
```

说明：'str'是显示在工作空间的提示信息；'s'表示用户输入的内容以字符串的形式赋给 r，若省略 's'，则用户输入的表达式要执行。

keyboard 命令与 input 命令的区别：keyboard 命令可输入多条任意 MATLAB 指令，而 input 指令只允许用户输入赋值给变量的值，即数组、字符串等。

**4. disp 命令**

disp 命令是比较常用的显示命令，常用来显示字符串型的信息提示。其命令格式为

```
disp(x)          % 显示数组或字符串
```

说明：如果 x 是数组，则 disp(x) 显示该数组，而不显示数组名称。除了不显示空数组，在所有其他方面，它与为变量赋值时未使用分号终止语句的效果相同。如果 x 是字符串，则显示字符串内容。

**5. pause 命令**

pause 命令用来使程序暂停运行，过一段时间后或者用户按任意键再继续执行。常用于程序调试或查看中间结果，也可以用来控制执行速度。pause 命令的格式为

```
pause(n)          % 暂停 n 秒
```

说明：n 表示程序暂停执行的秒数，当 n 省略时，按键盘任意键才继续执行程序。

**6. warning 和 error 命令**

使用 warning 和 error 命令，可使程序给出警告和错误信息以提醒用户，其命令格式为

```
warning('message')          % 显示警告信息"message"并继续运行
error('message')            % 显示错误信息"message"并终止运行
```

**【例 3-12】** 求满足 $(\sum\limits_{i=1}^{m} i) > n$ 的最小 $m$ 值，其中 $500 \leqslant n \leqslant 1500$。

**解** 程序如下：

```
while 1
    sum = 0;
    i = 1;
```

```
n = input ('输入 n 的值, n =');
if n < 500 |n >1500
    error ('超出范围')                    % 若超出范围则报错
end
while sum < n
  i = i +1;
  sum = sum + i;
end
disp ('最小 m 值为')
disp (i)                              % 显示最后结果
break
end
输入 n 的值, n =1000
最小 m 值为
  45
```

### 7. break 和 continue 命令

在循环结构中, break 和 continue 命令可以用来控制循环的流程。break 命令能使包含 break 的最内层 for 或 while 循环强制终止, 并立即跳出该循环结构, 执行 end 后面的命令。break 一般与 if 语句结合使用; 与 break 不同, continue 只结束本次 for 或 while 循环而继续进行下次循环。continue 一般也与 if 语句结合使用。

【例 3-13】利用 break 语句求满足 $(\sum_{i=1}^{m} i) > 1000$ 的最小 $m$ 值。

**解**  程序如下:

```
sum = 0;
for i =1:100
    sum = sum + i;
    if sum >1000
      break
    end
end
i

i =

   45
```

程序中使用 for 循环嵌套 if 结构, 当 sum >1000 时跳出 for 循环。

【例 3-14】求满足 $(\sum_{i=1}^{m} i) > 1000$ 的最小 $m$ 值, 其中 $i$ 与 $m$ 均为质数。

**解**  程序如下:

```
sum = 0;
for i = 1:500
    if isprime(i) == 0          % 判断 i 是否为质数
        continue
    end
    sum = sum + i;
    if sum > 1000
        break
    end
end
i = 97
```

## 3.5.4 M 文件

MATLAB R2015b 的程序如果要保存，则使用扩展名是 ". m" 的 M 文件。M 文件是一个 ASCII 码文件，可以使用任何字处理软件来编写。M 文件有 M 脚本文件和 M 函数文件两种。

### 1. M 脚本文件

对于比较简单的运算过程，从命令行窗口中直接输入相应指令即可，是非常方便的。但随着指令的增加或大量重复计算的要求，此时使用脚本文件最为适宜。脚本文件的说明如下：

MATLAB 在运行脚本文件时，只是简单地按顺序从文件中读取一条条指令，并送到 MATLAB 命令行窗口中去执行；M 脚本文件运行产生的变量都保留在 MATLAB 的工作空间中，在命令行窗口中运行的命令都可以使用这些变量；脚本文件的命令可以访问工作空间的所有数据，因此要注意工作空间和脚本文件中的同名变量相互覆盖。

**【例 3-15】** 编写 M 脚本文件得出满足 $(\sum\limits_{i=1}^{m} i) > 1000$ 的最小 $m$ 值。

**解** 在 M 文件编辑/调试器窗口中写入：

```
accum = 1;
i = 1;
while accum < = 1000
i = i + 1;
accum = accum + i;
end
[i, accum]
```

将 M 文件保存在用户的工作目录下，命名为 "ex3_15. m"。在命令行窗口中输入脚本文件名，MATLAB 就会执行该文件中的指令：

```
>> ex3_15
ans =
    45        1036
```

此时在工作空间中就可以查看变量 i 和 accum，并可以修改和使用这些变量。

### 2. M 函数文件

如果 M 文件的第一个可执行语句以 function 开始，则该文件就是 M 函数文件。M 函数文件的结构一般包括函数声明行、H1 行、帮助文本和程序代码四部分，分别介绍如下：

（1）函数声明行

函数以函数声明行开头，格式如下：

```
function [输出参数列表] = 函数名 (输入参数列表)
```

说明：输入参数列表是函数接收的参数，各个参数之间用"，"分隔。输出参数是函数运算的结果，各个参数之间用"，"分隔。函数名是函数的名称，可以是 MATLAB 中任何合法的字符串。保存时最好使文件名与函数名一致，当两者不一致时，MATLAB 以文件名为准。

（2）H1 行

H1 行就是帮助文本的第一行，其给出 M 文件最关键的帮助信息，是供 lookfor 命令查询使用的。一般来说，为了充分利用 MATLAB 的搜索功能，在编制 M 文件时应在 H1 行中尽可能多地包含该函数的特征信息。使用 lookfor 命令查找含某个关键词的函数时，只在每个函数的 H1 行中搜索是否包含此关键词。在命令行窗口中使用 lookfor 命令查找某个函数信息时，只显示该函数 H1 行的信息。例如：

```
>> lookfor sin
  sin                         - Sine of argument in radians.
```

（3）帮助文本

帮助文本提供对 M 文件更加详细的说明信息，是供 help 命令查询使用的，通常包含函数的功能、输入输出参数的含义、格式说明等信息。例如：

```
>> help sin
  sin     Sine of argument in radians.
    sin(X) is the sine of the elements of X.
```

（4）程序代码

程序代码由 MATLAB 语句和注释语句构成。其中，MATLAB 语句包含全部用于完成计算以及给输出参数赋值等工作的语句；注释语句提供对程序功能的说明，以 % 开始，可以放在程序代码中的任意位置。

对于 M 函数文件，有以下几点需要说明：

M 函数文件中的函数声明行是必不可少的；与 M 脚本文件不同，M 函数文件在运行过程中产生的变量都存放在函数本身的工作空间中，函数的工作空间是临时的、独立的；当文件执行完最后一条指令或遇到 return 指令时，结束函数文件的运行，同时函数工作空间的变量被清除；一个 M 函数文件至少要定义一个函数。

**【例 3-16】** 编写 M 函数文件用于求解 $(\sum_{i=1}^{m} i) > n$ 的最小 $m$ 值。

**解** 在 M 文件编辑/调试器窗口中写入：

```
function [m] = ex3_16(n)
% EX3_16(n) returns the minimum m that satisfies "1 + 2 + ...m > n".
% n is a real number.
% m is a positive integer.
accum = 1;
```

```
i = 1;
while accum < = n
i = i + 1;
accum = accum + i;
end
m = i;
end
```

将 M 文件保存在用户的工作目录下，命名为 "ex3_16.m"。在命令行窗口中输入以下命令来调用函数：

```
>> ex3_16(1000)
ans =
    45
>> ex3_16(10000)
ans =
    141
```

程序运行结束后，在工作空间中可以看到变量 accum、m、n、i 都不存在，说明了函数的工作空间是临时的、独立的，因此避免了 MATLAB 工作空间与函数中同名变量的相互覆盖。

# 3.6 MATLAB 的绘图功能

MATLAB 语言提供了强大的图形绘制功能，可以方便地实现数据的视觉化。下面分别介绍二维图形的绘制、三维图形的绘制以及图形的导出。

## 3.6.1 二维图形的绘制

### 1. 基本形式

二维图形的绘制是 MATLAB 语言图形处理的基础，MATLAB 最常用的命令是 plot。线性坐标图绘制基本格式为 "plot(x,y)"，例如：

```
>> x = linspace(0,2 * pi,30);
>> y = sin(x);
>> plot(x,y)
```

生成的图形如图 3-11 所示，是 [0，2π] 上 30 个点连成的光滑的正弦曲线。

### 2. 多条曲线

在同一个画面中可以画许多条曲线，基本格式为 "plot(x1,y1,x2,y2,...)"。例如：

```
>> x = 0:pi/15:2 * pi;
>> y1 = sin(x);
>> y2 = cos(x);
>> plot(x,y1,x,y2)
```

生成的图形如图 3-12 所示。

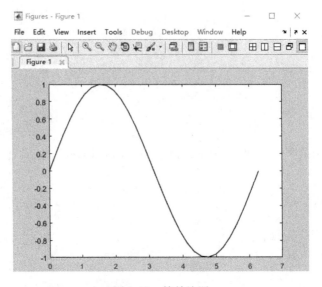

图 3-11　简单绘图

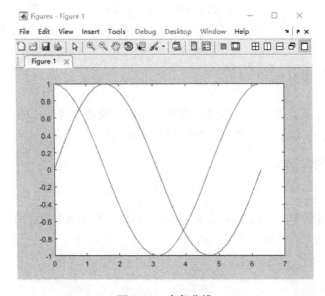

图 3-12　多条曲线

多重线的另一种画法是利用 hold 命令。在已经画好的图形上，若设置 hold on，MATLAB 将把新的 plot 命令产生的图形加在原来的图形上。而命令 hold off 将结束这个过程。例如：

```
>> x = linspace(0,2 * pi,30);  y = sin(x);  plot(x,y)
```

先画好图 3-11 所示图形，然后用下述命令增加 $\cos(x)$ 的图形，也可得到图 3-12 所示图形。

```
>> hold on
>> z = cos(x);plot(x,z)
>> hold off
```

**3. 线型和颜色**

MATLAB 对曲线的线型和颜色提供多种选择，标注的方法是在每一对数组后加一个字符串参数，基本格式为 "plot（x1，y1，'c1'，x2，y2，'c2'，…）"，颜色有 y（黄）、r（红）、g（绿）、b（蓝）、w（白）、k（黑）、m（紫）、c（青）共 8 种。线型包含线方式和点方式，线方式有 –（实线）、‥（点线）、–·（点画线）、 – –（波折线）共 4 种，点方式有·（圆点）、+（加号）、*（星号）、×（×形）、。（小圆）共 5 种。例如：

```
>> x = 0:pi/15:2 * pi;
>> y1 = sin(x);  y2 = cos(x);
>> plot(x,y1,'b: +',x,y2,'g -. *')
```

结果如图 3-13 所示。

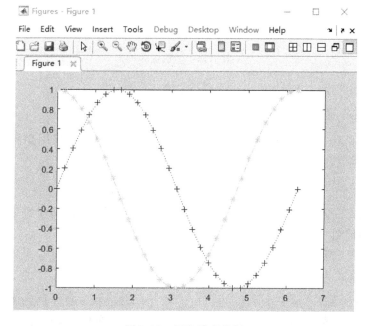

图 3-13　颜色线型控制

**4. 网格和标记**

在图形上可以添加网格、标题、x 轴标记、y 轴标记和图例，例如：

```
>> x = linspace(0,2 * pi,30);y = sin(x);z = cos(x);
>> plot(x,y,x,z);
>> grid
>> title('sinx and cosx')
>>  xlabel('x')
>>  ylabel('y = sin(x) z = cos(x)')
>> legend('sinx','cosx')
```

结果如图 3-14 所示。

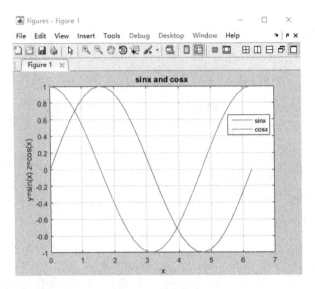

图 3-14　图形标注

也可以在图形的指定位置加上一个字符串，如：

```
>> text(2.5,0.7,'sinx')
```

该命令表示在坐标（$x=2.5$，$y=0.7$）处加上字符串 sinx。也可以采用交互式如鼠标来确定字符串的位置，输入命令：

```
>> gtext('sinx')
```

在图形窗口十字线的交点是字符串的位置，用鼠标单击一下就可以将字符串放在该处。

**5. 坐标系的控制**

在默认情况下，MATLAB 自动选择图形横、纵坐标的比例，当然也可以用 axis 命令人工修改坐标，基本格式为

```
axis([xmin xmax ymin ymax])          %[]中分别给出 x 轴和 y 轴的最小值、最大值
axis equal  或  axis('equal')         %x 轴和 y 轴的单位长度相同
axis square 或  axis('square')        %图框呈方形
axis off    或  axis('off')           %清除坐标刻度
```

**6. 多幅图形**

可以在同一个图形窗口中建立多个坐标系，用 subplot(m,n,p) 命令可以将一个窗口分隔成 m × n 个图形区域，p 代表当前的区域号，可在每个区域中分别画一个图，例如：

```
>>  x = linspace(0,2 * pi,30);    y = sin(x);  z = cos(x);
>> u = 2 * sin(x). * cos(x);  v = sin(x)./cos(x);
>> subplot(2,2,1),plot(x,y),axis([0 2 * pi -1 1]),title('sin(x)')
>> subplot(2,2,2),plot(x,z),axis([0 2 * pi -1 1]),title('cos(x)')
>>  subplot(2,2,3),plot(x,u),axis([0 2 * pi -1 1]),title('2sin(x)cos(x)')
>>  subplot(2,2,4),plot(x,v),axis([0 2 * pi -20 20]),title('sin(x)/cos(x)')
```

结果如图 3-15 所示。

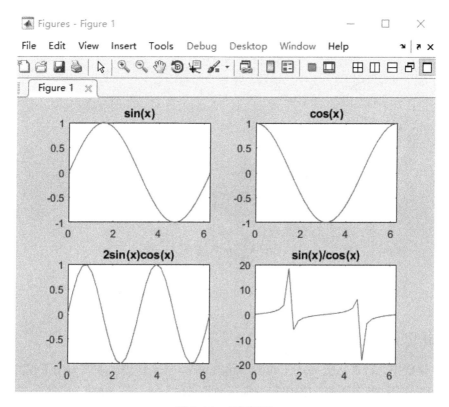

图 3-15   多幅图形

## 3.6.2   三维图形的绘制

**1. 三维曲线**

和二维图形相对应，MATLAB 还提供了 plot3( ) 函数，它允许用户在三维空间绘制三维曲线，基本格式为"plot3(x,y,z)"。

图形的颜色线型的设置同 plot( ) 函数。

**2. 三维曲面**

使用 mesh 命令绘制三维表面网格图。

例如：作曲面 $z = f(x,y)$ 的图形，$z = \dfrac{\sin\sqrt{x^2+y^2}}{\sqrt{x^2+y^2}}$（$-7.5 \leqslant x \leqslant 7.5$，$-7.5 \leqslant y \leqslant 7.5$）。

程序如下：

```
>> x = -7.5:0.5:7.5;
>> y = x;
>> [X,Y] = meshgrid(x,y);
>> q = sqrt(X.^2 + Y.^2) + eps;
>> Z = sin(q)./q;
>> mesh(X,Y,Z)
```

结果如图 3-16 所示。

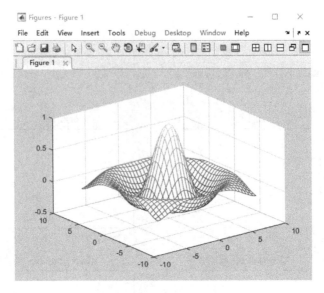

图 3-16    三维曲面图形

### 3.6.3    图形的导出

在数学建模中，往往需要将产生的图形导出到 Word 文档中。通常采用下述方法：

首先，在 MATLAB 图形窗口中选择"File"→"Export Setup..."命令，将打开图形导出设置对话框，如图 3-17a 所示。其中，"Size"选项可以设置图形文件的长宽尺寸；"Rendering"选项可以设置图形采用的色彩模式、着色器、分辨率和坐标轴标签等；"Fonts"选项可以设置图形导出时文字的字体、字号以及倾斜度等；"Lines"选项可以设置图形导出时线条的线型、线宽等。单击右侧"Export..."按钮，可以打开另存为（Save As）对话框，如图 3-17b 所示。在该对话框中，可以选择图形的保存类型，如 emf、bmp、jpg、pgm 等格式。然后，再打开相应的文档，并在该文档中选择"插入"→"图片"命令，插入相应的图片即可。

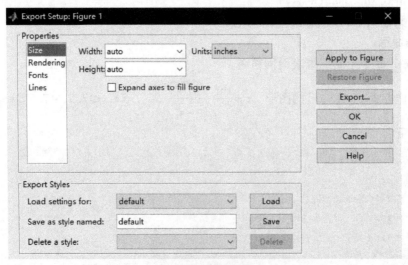

a) 导出设置对话框

图 3-17    导出设置和另存为对话框

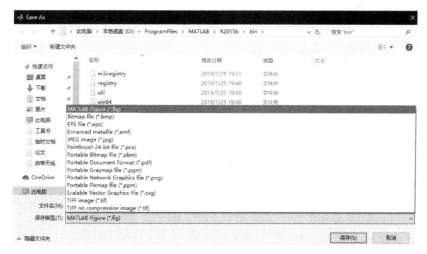

b) 另存为对话框

图 3-17　导出设置和另存为对话框（续）

# 3.7　MATLAB 的应用

## 3.7.1　矩阵的分解

矩阵分解即把一个矩阵分解成几个"较简单"的矩阵连乘的形式。本节将介绍 4 种矩阵分解的基本方法，分别是矩阵的三角分解、矩阵的正交分解、矩阵的奇异值分解和矩阵的特征值分解。

### 1. 矩阵的三角分解

矩阵的三角分解又称为 LU 分解，它的目的是把矩阵分解为上三角矩阵 $U$ 和下三角矩阵 $L$ 的乘积，计算中使用高斯变量消去法。MATLAB 中给出了矩阵的 LU 分解函数 lu( )，其基本格式为"[L ,U,P] = lu(A)"，其中 $P$ 为置换矩阵。

### 2. 矩阵的正交分解

矩阵的正交分解又称 QR 分解法，是将矩阵分解成一个正规正交矩阵与上三角矩阵。MATLAB 以 qr( ) 函数来执行 QR 分解法，基本格式为"[Q,R] = qr(A)"，其中 $Q$ 代表正规正交矩阵，而 $R$ 代表上三角形矩阵。此外，原矩阵 $A$ 不必为正方矩阵；如果矩阵 $A$ 大小为 $m \times n$，则矩阵 $Q$ 大小为 $m \times m$，矩阵 $R$ 大小为 $n \times n$。

### 3. 矩阵的奇异值分解

奇异值分解（Sigular Value Decomposition，SVD）是另一种正交矩阵分解法。SVD 是最可靠的分解法，但是它计算所花费的时间约是 QR 分解法的 10 倍。其基本格式为"[U,S,V] = svd(A)"，其中 $U$ 和 $V$ 是两个相互正交矩阵，而 $S$ 是对角矩阵，它的对角元素是 $A$ 矩阵的奇异值。和 QR 分解法相同的是，原矩阵 $A$ 不必为正方矩阵。SVD 分解法的用途是解最小二次方误差和数据压缩。

### 4. 矩阵的特征值分解

对于方阵 $A$ 的特征值问题，求取 $A$ 阵的特征值和特征向量基本命令为"[v,d] = eig(A)"，

返回的 $d$ 阵是 $A$ 阵的特征值对角阵，如果 $A$ 为实对称阵，$d$ 也为实数阵，否则 $d$ 为复数阵；$v$ 阵由 $A$ 阵的全部特征向量组成，$A*v = v*d$。如果 $A$ 阵中有较小的元素，在计算特征值或者特征向量时，需要再增加 "nobalance" 选项——$[v,d] = eig(A, 'nobalance')$ 来减小计算误差。

## 3.7.2 多项式处理

多项式在 MATLAB 中使用降幂系数的行向量表示。例如，多项式 $x^4 - 5x^2 + 4x + 6$ 表示为

```
>>p =[1  0  -5  4  6]


p =

      1        0        -5        4        6
```

### 1. 多项式求根和求值

（1）多项式求根

使用 roots( ) 函数可以得出多项式等于零的根，如求上面的多项式 p 的根，为

```
>> roots(p)

ans =

   1.5858 +0.8033i
   1.5858 -0.8033i
  -2.3706
  -0.8010
```

已知多项式的根，使用 poly( ) 函数也可以构造出相应的多项式。

（2）多项式求值

polyval( ) 和 polyvalm( ) 函数可以用来计算在给定变量时多项式的值，格式为

```
polyval(p,x)            % 得出变量 x 对应的多项式的值
polyvalm(p,x)           % 得出矩阵 x 对应的多项式的值
```

说明：根据矩阵的运算法则，polyvalm( ) 函数中的矩阵必须为方阵。例如：

```
>>p =[1,0,-5,4,6];       % 多项式 p = x^4 -5x^2 +4x +6
>>polyval(p,2)

ans =
      10

>>p =[1,0,-5,4,6];       % 多项式 p = x^4 -5x^2 +4x +6
>>x =[1,2,4;3,6,7];      % x 为 2*3 矩阵
>>polyval(p,x)           % polyval 计算规划:x. * x. * x. * x -5 * x. * x +4 * x +
                         6 * ones(size(x))
```

```
ans =

                 6           10          198
                54         1146         2190

>> p = [1,0, -5,4,6];          % 多项式 p = x^4 -5x^2 +4x +6
>> x = [1,2;2,3];              % x 为方阵
>> polyval(p,x)

ans =

         6          10
        10          54
>> p = [1,0, -5,4,6];          % 多项式 p = x^4 -5x^2 +4x +6
>> x = [1,2;2,3];              % x 为方阵
>> polyvalm(p,x)               % polyvalm 计算规划:x * x * x * x -5 * x * x +4 * x +6 *
                                 eye(size(x))

ans =

        74         112
       112         186
```

## 2. 多项式的算数运算

（1）多项式的乘法与除法

多项式的乘法与除法运算分别用 conv( ) 和 deconv( ) 函数来实现，格式为

```
p = conv(p1,p2)           % 计算多项式 p1 和 p2 的乘积
[q,r] = deconv(p1,p2)     % 计算多项式 p1 与 p2 的商
```

说明：多项式除法不一定能除尽，则 q 为商，r 为余子式。例如：

```
p1 = [1,2,3];
p2 = [4,5,6];
p = conv(p1,p2)

p =

       4     13     28     27     18

[q,r] = deconv(p,p2)

q =
```

```
      1    2    3

   r =

      0    0    0    0    0
```

（2）多项式的微积分

多项式微分可以使用 polyder( ) 函数来计算，语法格式为

```
polyder(p)              %计算多项式 p 的导数
polyder(p1,p2)          %计算多项式 p1 * p2 的导数
[q,d]=polyder(b,a)      %计算多项式 b/a 的导数
```

说明：计算 b/a 的导数时，结果中 q 为分子，d 为分母。多项式积分没有专门的函数实现，可通过如下表达式完成积分运算：

```
[p./(length(p):-1:1),c]          %计算多项式 p 的积分
```

说明：c 为积分后的常数项，可用 0 等常数表示。例如：

```
p =[1,3,5,7];
p1 =polyder(p)

p1 =

      3    6    5

p2 =[p1./(length(p1):-1:1),7]

p2 =

      1    3    5    7
```

### 3.7.3  曲线拟合与插值

在实验数据处理中，经常遇到将实验数据作解析描述的问题，解决这个问题有曲线拟合和插值两种方法。在曲线拟合中，假定已知曲线的规律，寻找曲线的最佳逼近，其原理是线性最小二乘。插值则认为数据是准确的，求取其中描述点之间的数据，其数学基础是差分。下面分别说明这两种方法。

#### 1. 最小二乘拟合

最小二乘法：在科学实验的统计方法研究中，往往要从一组实验数据 $(x_i,y_i)$ 中寻找出自变量 $x$ 和因变量 $y$ 之间的函数关系 $y=f(x)$。由于观测数据往往不够准确，所以并不要求 $y=f(x)$ 经过所有的点 $(x_i,y_i)$，而只要求在给定点 $x_i$ 上误差 $\delta_i=f(x_i)-y_i$ 按照某种标准达到最小，通常采用欧氏范数 $\|\delta\|^2$ 作为误差量度的标准。

在 MATLAB 中，polyfit( ) 函数采用最小二乘法对给定的数据进行多项式拟合，得到该

多项式的系数。通过绘制图像，可以比较两者的拟合结果。

多项式拟合示例：

```
>> x = [0.2  0.3  0.5  0.6  0.8  0.9  1.2  1.3  1.5  1.8];
>> y = [1  2  3  5  6  7  6  5  4  1];
>> p6 = polyfit(x,y,6);    % 6 阶多项式拟合
>> y6 = polyval(p6,x);
>> p9 = polyfit(x,y,9);    % 9 阶多项式拟合
>> y9 = polyval(p9,x);
>> figure;
>> plot(x,y,'bo');
>> hold on;
>> plot(x,y6,'r:');
>> plot(x,y9,'g - -');
>> legend('原始数据','6 阶多项式拟合','9 阶多项式拟合');
>> xlabel('X');
>> ylabel('Y')
```

比较绘图结果（见图 3-18）可以看出，高阶拟合曲线在数据点附近更加接近数据点的测量值，但是曲线整体波动比较大，并不一定适合实际使用的需要，所以在进行高阶曲线拟合时，并不是阶次"越高越好"，要根据实际情况选择合适阶数。

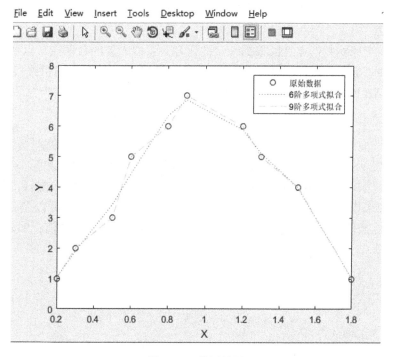

图 3-18　绘图结果

在 MATLAB 中，lsqcurvefit( ) 函数采用最小二乘法进行非线性曲线拟合。例如：已知观测数据 $x = 0\ 0.1\ 0.2\ 0.3\ 0.4\ 0.5\ 0.6\ 0.7\ 0.8\ 0.9\ 1$；$y = 3.1\ 3.3\ 3.8\ 4.5\ 5.2\ 6\ 7.1\ 8.6\ 9.7$

11.3 13.2。求三个参数 $a$、$b$、$c$ 的值，使得曲线 $f(x) = ae^x + bx^2 + cx^3$。

首先，编写函数文件：

```
function f = mfun(x,xdata)
f=x(1)*exp(xdata)+x(2)*xdata.^2+x(3)*xdata.^3
end
```

然后，编写函数调用拟合函数文件：

```
>>xdata =0:0.1:1;
>>ydata =[3.1  3.3  3.8  4.5  5.2  6  7.1  8.6  9.7  11.3  13.2];
>>x0 =[0  0  0];
>>[x,resnorm]=lsqcurvefit(@ fun,x0,xdata,ydata)
```

最后，运行显示：

```
x =

    3.0045    4.1372    0.8620


resnorm =

    0.0920
```

即拟合函数为 $f(x) = 3.0045e^x + 4.1372x^2 + 0.8620x^3$，残差平方和为 0.0920。

### 2. 线性插值

插值是在两个原始数据点之间根据一定的运算关系插入新的数据点，以便更准确地得出数据的变化规律。其中，线性插值（即一维插值）就是通过插值点用折线段连接起来逼近原曲线。MATLAB R2015b 提供了大量插值函数，用于线性插值的函数为 interp1()，其基本格式为

```
yi =interp1(x,y,xi,'method')
```

对一组点 $(x,y)$ 进行插值，计算插值点 xi 的函数值。$x$ 为节点向量值，$y$ 为对应的节点函数值。如果 $y$ 为矩阵，则插值对 $y$ 的每一列进行，若 $y$ 的维数超出 $x$ 或 xi 的维数，则返回 NaN。method 用来指定插值的算法，默认为线性算法。其值常用的可以是如下的字符串：'linear'——线性插值；'spline'——三次样条插值；'cubic'——三次插值；'nearest'——线性最近项插值。

例如：

```
>>x =0:0.1:10;
>>y =sin(x);
>>xi =0:0.25:10;
>>yi =interp1(x,y,xi);
>>plot(x,y,'o',xi,yi)
```

MATLAB 也能够完成二维插值的运算，相应的函数为 interp2()，使用方法与 interp1() 基本相同，只是输入和输出的参数为矩阵。

### 3. 7. 4 符号方程求解

解方程在数学中是非常重要的，MATLAB 具有强大的方程求解能力。符号方程分为代数方程和微分方程，下面介绍这两种方程的求解。

**1. 代数方程求解**

一般的代数方程包括线性方程、非线性方程以及超越方程，可以通过 solve 指令来求解。当方程不存在解析解又无其他自由参数时，solve 指令将给出数值解。solve 指令的格式为

```
solve('eqn','var')                        %求方程关于指定变量 var 的解
solve('eqn1','eqn2',…,'var1','var2'…)    %求方程组关于指定变量 var1,var2,…的解
```

说明：其中 eqn 和 eqn1，eqn2，…可以是不含等号的符号表达式或含等号的方程。若为不含等号的符号表达式，则给出该符号表达式的零点值，否则给出解。指定变量 var 和 var1，var2，…可省略，省略时方程组中的变量由 symvar( ) 函数确定。

输出结果有三种情况：单个方程单个输出参数，将返回由多个解构成的列向量；输出参数和方程数目相同，则方程组的解分别赋给每个输出参数，并按照字母表的顺序进行排列；方程组只有一个输出参数，方程组的解将以结构矩阵的形式赋给输出参数。

求解方程组示例：

```
syms x y;
f = solve('x^2 +2 * y^2 +x','2 * x^2 +3 * y^2 -3')        %方程组单个输出参数
f =
    x:[4x1 sym]
    y:[4x1 sym]
f. x
ans =
  33^(1/2)/2 +3/2
  3/2 -33^(1/2)/2
  3/2 -33^(1/2)/2
  33^(1/2)/2 +3/2
[a,b] = solve('x^2 +2 * y^2 +x','2 * x^2 +3 * y^2 -3')      %输出参数和方程数目相同
a =
  33^(1/2)/2 +3/2
  3/2 -33^(1/2)/2
  3/2 -33^(1/2)/2
  33^(1/2)/2 +3/2
b =
  - (-33^(1/2) -6)^(1/2)
    (33^(1/2) -6)^(1/2)
  - (33^(1/2) -6)^(1/2)
    (-33^(1/2) -6)^(1/2)
```

返回值 *a* 为所有解 *x* 构成的向量，*b* 为所有解 *y* 构成的向量。

### 2. 微分方程求解

微分方程的求解比代数方程要复杂一些，微分方程按自变量个数可以分为常微分方程和偏微分方程，此处介绍常微分方程。控制系统的模型通常采用常微分方程形式描述，求它们的解析解很难，一般采用数值解。第 2 章详细介绍了常微分方程的数值解，此处给出 MAT-LAB 函数的求解方法。

MATLAB 提供了两个常微分方程求解的函数：ode23( ) 函数和 ode45( ) 函数。这两个函数分别采用了二阶三级的 RKF 方法和四阶五级的 RKF 方法，并采用自适应变步长的求解方法（即当解的变化较慢时采用较大的计算步长），从而使得计算速度很快，当方程的解变化得较快时，积分步长会自动变小，从而使得计算的精度很高。这两个函数的调用格式分别为

$[t,x] =$ ode23(方程函数名,tspan,x0,选项,附加参数)

$[t,x] =$ ode45(方程函数名,tspan,x0,选项,附加参数)

其中，"选项"可以通过 odeget( ) 函数和 odeset( ) 函数来设置，具体的常用选项如下：

RelTol——相对误差允许上限，默认值为 0.001（即 0.1% 的相对误差），在一些特殊的微分方程求解中，为了保证较高的精度，还应该再适当减小该值。

AbsTol——一个向量，其分量表示每个状态变量允许的绝对误差，其默认值为 $10^{-6}$。也可以自由设置其值，以改变求解精度。

MaxStep——求解方程最大允许的步长。

Mass——微分代数方程中的质量函数。

Jacobian——描述 Jacob 矩阵函数 $\partial f / \partial X$ 的函数名。

变量 tspan 一般为仿真范围，如取 tspan = $[t0,tf]$，其中 t0 和 tf 分别为用户指定的起始和终止计算时间。

函数中，方程函数名的编写格式是固定的，方程函数的引导语句为

function    xdot = 方程函数名(t,x,flag,附加参数)

式中，t 为时间变量；x 为方程的状态变量；xdot 为状态变量的导数。

注意，即使微分方程是非时变的，也应该在函数输入变量列表中写上 t 占位。可见，如果想编写这样的函数，首先必须已知原系统的状态方程模型。

如果有附加参数需要传递，则可以将其在原函数中给出，若有多个附加参数，则它们之间应该用逗号分隔，且应确保它们与主调函数完全对应。另外应该用一个变量 flag 来占位。

【例 3-17】求解著名的 Van der Pol 微分方程 $\ddot{y} + \mu(y^2 - 1)\dot{y} + y = 0$。

**解**   选择状态变量 $x_1 = y$，$x_2 = \dot{y}$，则原方程变为

$$\begin{cases} \dot{x}_1 = x_2 \\ \dot{x}_2 = -\mu(x_1^2 - 1)x_2 - x_1 \end{cases}$$

如果已知 $\mu = 2$，描述模型的 M 函数如下：

```
function dy = vdp(t,x)
dy(1) = x(2);
dy(2) = -2 * (x(1)^2 -1) * x(2) - x(1);
dy = [dy(1);dy(2)];
```

在命令行调用函数：

```
>> x0 = [-0.2;-0.7];tf =20;
   [t1,y1] = ode45('vdp',[0,tf],x0);
   plot(t1,y1)
```

时间响应曲线如图 3-19 所示。

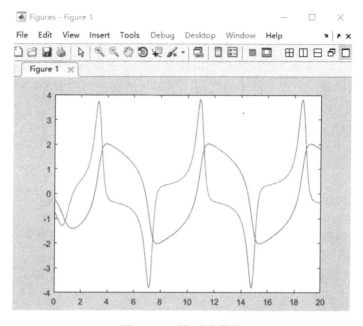

图 3-19　时间响应曲线

如果 $\mu$ 是一个可变参数，这样在函数定义时就多了一项，描述模型的 M 函数为

```
function dy = vdp_eq(t,x,flag,mu)
dy = [x(2);-mu*(x(1).^2-1).*x(2)-x(1)];
```

命令行求解格式为

```
>> h_opt = odeset;x0 = [-0.2;-0.7];tf =20;mu =2;
   [t2,y2] = ode45('vdp_eq',[0,tf],x0,h_opt,mu)
```

注意，在定义函数时，flag 变量是用来指定初值的。即使初值不用指定，也必须有该变量占位。调用 ode45 函数时也应该给出选型变量占位。在 ode45( ) 调用命令中，附加变量个数应该和方程 M 函数中的附加参数个数完全对应。

如果采用 MATLAB "函数句柄"的概念，在编写函数文件时不用 flag 占位。在用 ode45( ) 调用时，不用引用函数名，而直接用句柄即可。

采用函数句柄编写的 M 函数为

```
function dy = vdp_jb(t,x,mu)
dy = [x(2);-mu*(x(1).^2-1).*x(2)-x(1)];
```

命令行求解格式为

```
>> h_opt = odeset;x0 = [-0.2;-0.7];tf =20;mu =2;
   [t2,y2] = ode45(αvdp_eq,[0,tf],x0,h_opt,mu)
```

# 本 章 小 结

本章详细介绍了 MATLAB 的基本使用方法。其在矩阵运算中有着卓越的性能。本章首先介绍了 MATLAB 的系统界面和 MATLAB 的基础知识；其次，从矩阵的数学运算、数组运算、基本操作及数据变换方面介绍了矩阵运算；接着介绍了符号运算以及控制系统中常用的符号运算；然后介绍了包括变量、四种流程控制语句以及 M 文件在内的 MATLAB 的编程基础；最后介绍了 MATLAB 强大的绘图功能以及 MATLAB 在矩阵分解、多项式处理、数据处理、代数方程以及常微分方程求解中的应用。学习目的就是利用 MATLAB 语言作为工具更好地解决实际问题，因此在学习本章时应更多地结合实例上机练习。

# 习　　题

3-1　编写两个 M 文件，分别使用 for 和 while 循环语句计算 $\sum_{k=1}^{200} k^3$。

3-2　编写 M 函数文件实现给学生成绩评级并显示，其中，90～100 分为优，80～89 分为良，60～79 分为中，60 分以下为不及格。

3-3　求解以下代数方程：

(1) $\begin{pmatrix} 1 & 0 & 2 \\ 1 & 1 & 3 \\ 3 & 1 & 2 \end{pmatrix} \begin{pmatrix} x_1 \\ x_2 \\ x_3 \end{pmatrix} = \begin{pmatrix} 2 \\ 1 \\ 1 \end{pmatrix}$

(2) $\begin{cases} x+y+z=a \\ x+2y+3z=b \\ x|y|\dfrac{3}{z}=c \end{cases}$　（$a$、$b$、$c$ 常数）

3-4　已知矩阵 $A = \begin{pmatrix} 0 & 1 & 3 \\ 1 & 2 & 1 \\ 5 & 4 & 2 \end{pmatrix}$，$B = \begin{pmatrix} 2 & 1 & 8 \\ 4 & 1 & 4 \\ 3 & 3 & 2 \end{pmatrix}$，试分别求出 $A$ 阵和 $B$ 阵的秩、转置、行列式、逆矩阵以及特征值。

3-5　以题 3-4 中的 $A$ 阵和 $B$ 阵为例，在命令行窗口中分别求出 $C=A^2$、$D$ 矩阵为 $A$ 中每个元素二次方组成的矩阵，$E$ 矩阵为 $A$ 阵乘以 $B$ 阵、$F$ 矩阵为 $A$ 阵和 $B$ 阵数组乘积（即对应元素分别相乘的积构成的矩阵）。

3-6　求复数矩阵 $C = \begin{pmatrix} 1+3i & 5-i & 7+3i \\ 6+2i & 3+2i & 4-3i \end{pmatrix}$ 的转置与共轭转置。

3-7　已知某系统的闭环传递函数 $\Phi(s)$ 如下，试用 roots 命令来判断系统的稳定性。

$$\Phi(s) = \frac{3s^2+2s+5}{s^5+2s^4+4s^3+5s^2+7s+6}$$

3-8　计算 $F(s) = \dfrac{2}{s} - \dfrac{1}{s+2} + \dfrac{2}{(s+1)^2+4}$ 的拉普拉斯反变换 $f(t)$，并绘出时域响应

曲线。

3-9　炼钢过程是一个氧化脱碳的过程，钢液中的原含碳量直接影响冶炼时间的长短，表 3-4 是某平炉的熔钢完毕碳($x$)与精炼时间($y$)的生产记录。

表 3-4　某平炉的熔钢完毕碳（$x$）与精炼时间（$y$）的生产记录

| $x$/0.01% | 134 | 150 | 180 | 104 | 190 | 163 | 200 |
|---|---|---|---|---|---|---|---|
| $y$/min | 135 | 168 | 200 | 100 | 215 | 175 | 200 |

从表 3-4 中的数据找出 $x$ 与 $y$ 变化规律的经验公式，用多项式进行二阶曲线拟合，并给出相应的曲线。

# ▶ 第4章

# 控制系统数学模型及其转换

　　控制系统的数学模型是描述系统内部物理量（或变量）之间关系的数学表达式，对于控制系统的分析和设计具有重要的意义。要对控制系统进行仿真研究，首先要建立系统的数学模型，在数学模型的基础上建立系统的仿真模型，然后进行仿真，分析研究系统，并设计出相应的控制器对系统进行控制，使系统响应达到期望的性能指标。

　　在线性系统中，常用的数学模型有微分方程模型、传递函数模型、状态空间模型以及零极点模型等。不同的模型应用于不同的场合，只有掌握模型间的转换，才能灵活应用各种数学模型。本章将主要介绍系统数学模型及转换、系统环节模型的连接及标准型实现等内容。

## 4.1　控制系统的类型

　　可以根据系统的性能对控制系统进行分类。

### 1. 连续系统和离散系统

　　所谓连续系统，是指组成系统的各个环节的输入信号和输出信号都是时间的连续信号，如电动机转速的闭环控制系统。连续系统的动态性能一般用微分方程来描述。离散系统中的信号则是离散信号，只有在各个离散时刻才有数值，而在两个离散时刻之间是没有信号的。脉冲信号和数字信号都属于离散信号，离散信号的性能一般用差分方程描述。既有连续信号又有离散信号的控制系统，通常称为采样控制系统，如在工业生产中广泛应用的计算机控制系统。

### 2. 线性系统和非线性系统

　　若系统的性能可以用线性微分（或差分）方程描述，如

$$\ddot{y}(t) + a_1\dot{y}(t) + a_0 y(t) = b_0 u(t)$$

则称该系统为线性系统，线性系统的主要特点是满足齐次性和叠加性。系统中只要有一个元件的输入-输出特性是非线性的，则这类系统就称为非线性控制系统，用非线性微分方程（或差分方程）描述系统的性能。非线性方程的特点是系数与变量有关，或者方程中含有变量及其导数的高次幂或乘积项，例如

$$\ddot{y}(t) + y(t)\dot{y}(t) + y^2(t) = r(t)$$

　　严格地说，实际物理系统中都含有程度不同的非线性元件，但对非线性程度不严重的元件，可采用在一定范围内线性化的方法，从而将非线性控制系统近似为线性系统。

### 3. 时变系统和定常（时不变）系统

　　如果描述系统性能的线性方程中有一个或一个以上系数不是常数，而是时间的函数，如

$$\ddot{y}(t) + a_1(t)\dot{y}(t) + a_0 y(t) = b_0 u(t)$$

则称该系统为线性时变系统，如运载火箭，由于燃料消耗，它的质量和惯性均随时间变化。系统参数不随时间变化的系统称为定常系统（或时不变系统）。

**4. 确定性系统和随机系统**

如果被控对象数学模型的结构和参数是确定的，系统的全部输入信号均为时间的确定函数，则系统的输出响应也是确定的，这类系统称为确定性系统。但如果系统的输入信号中含有不确定的随机量（如负载变化、噪声、电压波动等），那么系统的输出响应必然也是不确定的，称这种系统为随机系统。对随机系统的研究要利用统计理论，如果被控对象本身也不确定，则控制过程更加复杂，需要辨识对象模型，再自适应修改控制器参数。

# 4.2 控制系统的常用数学模型

## 4.2.1 连续系统数学模型

连续系统常用的数学模型通常有微分方程、传递函数、状态空间表达式三种形式。下面简要回顾几类数学模型，同时给出 MATLAB 的表示方法。

**1. 系统微分方程形式模型**

设线性定常系统单入单出（SISO）系统的输入、输出量是单变量，分别为 $u(t)$、$y(t)$，则两者之间的关系总可以描述为线性常系数高阶微分方程形式：

$$a_0 y^{(n)} + a_1 y^{(n-1)} + \cdots + a_{n-1}\dot{y} + a_n y = b_0 u^{(m)} + \cdots + b_m u \qquad (4\text{-}1)$$

式中，$y^{(j)}$ 为 $y(t)$ 的 $j$ 阶导数，$y^{(j)} = \dfrac{\mathrm{d}^j y(t)}{\mathrm{d}t^j}(j=0,1,\cdots,n)$；$u^{(i)}$ 为 $u(t)$ 的 $i$ 阶导数，$u^{(i)} = \dfrac{\mathrm{d}^i u(t)}{\mathrm{d}t^i}(i=0,1,\cdots,m)$；$a_j$ 为 $y(t)$ 及其各阶导数的系数，$j=0,1,\cdots,n$；$b_i$ 为 $u(t)$ 及其各阶导数的系数，$i=0,1,\cdots,m$；$n$ 为系统输出变量导数的最高阶次；$m$ 为系统输入变量导数的最高阶次，通常总有 $m \leqslant n$。

微分方程模型是连续控制系统其他数学模型表达式的基础，以下所要讨论的模型表达形式都是以此为基础发展而来的。

**2. 系统传递函数形式模型**

将式（4-1）在零初始条件下，两边同时进行拉普拉斯变换，则有

$$(a_0 s^n + a_1 s^{n-1} + \cdots + a_{n-1}s + a_n)Y(s) = (b_0 s^m + \cdots + b_m)U(s) \qquad (4\text{-}2)$$

输出拉普拉斯变换 $Y(s)$ 与输入拉普拉斯变换 $U(s)$ 之比为

$$G(s) = \frac{Y(s)}{U(s)} = \frac{b_0 s^m + \cdots + b_{m-1}s + b_m}{a_0 s^n + \cdots + a_{n-1}s + a_n} \qquad (4\text{-}3)$$

式（4-3）即为 SISO 系统的传递函数。传递函数是经典控制理论描述系统的数学模型之一，它表达了系统输入量和输出量之间的关系。从式（4-1）和式（4-3）还可以看出，微分方程和传递函数的输入输出系数是一致的，所以微分方程模型在仿真中总是用其对应的传递函数模型来描述。在 MATLAB 语言中，可以利用分别定义的传递函数分子、分母多项式系数向量方便地对其加以描述。例如，对于式（4-3），可以分别定义为

$$\mathrm{num} = [b_0, b_1, \cdots, b_{m-1}, b_m]$$

$$den = [a_0, a_1, \cdots, a_{n-1}, a_n]$$

这里，分子、分母多项式系数向量中的系数均按 $s$ 的降幂排列。用 printsys( )、tf( ) 函数来建立传递函数的系统模型，其基本格式为

$$printsys(num, den, 's')$$
$$sys = tf(num, den)$$

【例 4-1】已知系统的传递函数为 $G(s) = \dfrac{5(2s^2+3)}{s^2(3s+1)(s+2)^2(5s^3+3s+8)}$，利用 MATLAB 建立其相应的传递函数系统模型。

**解** 求解 M 文件如下：

```
num = 5 * [2  0  3];
den = conv(conv(conv([1  0  0],[3  1]),conv([1  2],[1  2])),[5  0  3  8]);
printsys(num,den,'s')
tf(num,den)
```

结果如下：

```
 num/den =

                   10 s^2 +15
     -------------------------------------------------------------
     15 s^8 +65 s^7 +89 s^6 +83 s^5 +152 s^4 +140 s^3 +32 s^2
 Transfer function:
                   10 s^2 +15
     -------------------------------------------------------------
     15 s^8 +65 s^7 +89 s^6 +83 s^5 +152 s^4 +140 s^3 +32 s^2
```

说明：conv 函数是 MATLAB 中的标准函数，可以用来求两个多项式的乘积。第二行语句利用函数 conv 的嵌套得到多项式的系数，系数按降幂排列。

**3. 系统的零极点形式模型**

如果将式（4-3）中分子、分母有理多项式分解为因式连乘形式，则有

$$G(s) = K \frac{\prod_{i=1}^{m}(s-z_i)}{\prod_{j=1}^{n}(s-p_j)} = K \frac{(s-z_1)(s-z_2)\cdots(s-z_m)}{(s-p_1)(s-p_2)\cdots(s-p_n)} \tag{4-4}$$

式中，$K$ 为系统的零极点增益；$z_i(i=1,2,\cdots,m)$ 为系统的零点；$p_j(j=1,2,\cdots,n)$ 为系统的极点；$z_i$、$p_j$ 可以是实数，也可以是复数。

因此，称式（4-4）为 SISO 系统传递函数的零极点表达形式。在 MATLAB 中可分别定义为

$$z = [z_1, z_2, \cdots, z_m]$$
$$p = [p_1, p_2, \cdots, p_n]$$

然后使用 zpk( ) 函数建立零极点形式的系统模型，其基本格式为

$$sys = zpk(z, p, k)$$

MATLAB 提供了多项式求根函数 roots( ) 函数来求系统的零极点，调用格式为

$$z = roots(num) \quad 或 \quad p = roots(den)$$

**4. 系统的部分分式形式**

传递函数也可以表示为部分分式或留数形式，如

$$G(s) = \sum_{i=1}^{n} \frac{r_i}{s - p_i} + h(s) \tag{4-5}$$

式中，$p_i(i=1,2,\cdots,n)$ 为该系统的 $n$ 个极点，与零极点形式的 $n$ 个极点是一致的；$r_i(i=1,2,\cdots,n)$ 为对应各极点的留数；$h(s)$ 为传递函数分子多项式除以分母多项式的余式，若分子多项式阶次与分母多项式阶次相等，则 $h(s)$ 为标量，若分子多项式阶次小于分母多项式阶次，则该项不存在。

**5. 系统的状态空间模型**

状态方程是研究系统的最为有效的系统数学描述，无论是 SISO 系统还是多入多出（MIMO）系统，如果可以用一阶微分方程组表示，则引入相应的状态变量后，即可得到状态空间表达式：

$$\begin{cases} \dot{X}(t) = AX(t) + Bu(t) \\ Y(t) = CX(t) + Du(t) \end{cases} \tag{4-6}$$

式中，$u(t)$ 为输入向量（$m$ 维）；$Y(t)$ 为输出向量（$r$ 维）；$X(t)$ 为状态向量（$n$ 维），$X(t_0) = X_0$ 为状态初始值。

因此，对于式（4-6）的数学模型，则用以下模型参数来表示：

$$A = (a_{11}, a_{12}, \cdots, a_{1n}; a_{21}, a_{22}, \cdots, a_{2n}; \cdots\cdots; a_{n1}, a_{n2}, \cdots, a_{nn})$$

$$B = (b_1; b_2; \cdots; b_n)$$

$$C = (c_1, c_2, \cdots, c_n)$$

$$D = (d_1; d_2; \cdots; d_n)$$

需要说明的是，控制系统状态方程的表达形式不是唯一的。通常可根据不同的仿真分析要求而建立不同形式的状态方程，如能控标准型、能观标准型、约当型等。

MATLAB 中建立系统模型的基本格式为

$$\text{printsys}(A, B, C, D)$$

$$\text{sys} = \text{ss}(A, B, C, D)$$

## 4.2.2 离散系统数学模型

离散系统常用的数学模型通常可以用差分方程、脉冲传递函数（或 Z 传递函数）、状态空间表达式三种形式加以描述。

**1. 系统差分方程形式模型**

设线性定常系统为 SISO 系统，输入、输出量是单变量，分别为 $u(t)$、$y(t)$，则

$$\begin{aligned} g_0 y[(k+n)T] + g_1 y[(k+n-1)T] + \cdots + g_{n-1} y[(k+1)T] + g_n y(kT) \\ = f_0 u[(k+m)T] + f_1 u[(k+m-1)T] + \cdots + f_n u(kT) \end{aligned} \tag{4-7}$$

式中，$g_j$ 为 $y(t)$ 及其各项差分的系数，$j=0,1,\cdots,n$；$f_i$ 为 $u(t)$ 及其各项差分的系数，$i=0,1,\cdots,m$。

差分方程是描述离散系统动态特性的基本形式，经过变换可以得到其他形式的数学模型。

**2. 系统的传递函数模型**

将式（4-7）在零初始条件下，两边同时进行 Z 变换，则可以得到离散系统的脉冲传递函数（或称 Z 传递函数）：

$$G(z) = \frac{Y(z)}{u(z)} = \frac{f_0 z^m + f_1 z^{m-1} + \cdots + f_{m-1} z + f_m}{g_0 z^n + g_1 z^{n-1} + \cdots + g_{n-1} z + g_n} \qquad (4-8)$$

在 MATLAB 中，可以分别定义

$$num = [f_0, f_1, \cdots, f_{m-1}, f_m]$$

$$den = [g_0, g_1, \cdots, g_{n-1}, g_n]$$

此处分子、分母多项式系数向量中的系数仍按 $z$ 的降幂排列。用 printsys( )、tf( ) 函数来建立传递函数的系统模型，其基本格式为

$$printsys(num, den, 'z')$$

$$sys = tf(num, den, Ts)$$

式中，Ts 为系统采样周期。

对于离散系统，也可以用 zpk( ) 函数建立零极点模型，基本格式为

$$sys = zpk(z, p, k, Ts)$$

**3. 系统的状态空间模型**

对于离散系统，状态空间表达式可以写成

$$\begin{cases} \boldsymbol{X}(k+1) = \boldsymbol{F}\boldsymbol{X}(k) + \boldsymbol{G}u(k) \\ \boldsymbol{Y}(k+1) = \boldsymbol{C}\boldsymbol{X}(k+1) + \boldsymbol{D}u(k+1) \end{cases} \qquad (4-9)$$

在 MATLAB 中建立系统模型的基本格式为

$$printsys(\boldsymbol{F}, \boldsymbol{G}, \boldsymbol{C}, \boldsymbol{D})$$

$$sys = ss(\boldsymbol{F}, \boldsymbol{G}, \boldsymbol{C}, \boldsymbol{D}, Ts)$$

式中，$\boldsymbol{F}$、$\boldsymbol{G}$、$\boldsymbol{C}$、$\boldsymbol{D}$ 为离散系统状态方程的系数矩阵；Ts 为系统采样周期。

## 4.2.3 系统模型参数的获取

在前面分析中可知，要建立系统模型，首先必须知道系统的模型参数值。如果已知系统的模型，还可以利用 MATLAB 的函数获取相应的模型参数的值，进行运算、赋值等操作。

对于连续系统，调用格式为

$$[num, den] = tfdata(sys, 'v')$$

$$[z, p, k] = zpkdata(sys, 'v')$$

$$[\boldsymbol{A}, \boldsymbol{B}, \boldsymbol{C}, \boldsymbol{D}] = ssdata(sys)$$

对于离散系统，调用格式为

$$[num, den, Ts] = tfdata(sys, 'v')$$

$$[z, p, k, Ts] = zpkdata(sys, 'v')$$

$$[\boldsymbol{A}, \boldsymbol{B}, \boldsymbol{C}, \boldsymbol{D}, Ts] = ssdata(sys)$$

函数左边的输出项为各项模型相应数据，'v' 表示返回的数据行向量，只适用单输入单输出系统。

## 4.3　系统数学模型的转换

系统的数学模型主要有微分方程模型、传递函数模型、状态方程模型和零极点模型等不同形式，不同模型之间存在着内在的等效关系。在进行系统分析研究时，往往根据不同的要求选择不同形式的系统数学模型，因此研究不同形式的数学模型之间的转换具有重要意义。

### 4.3.1　系统模型向状态方程形式转换

可以直接利用 MATLAB 函数实现所需要的系统模型向状态方程的转换，基本格式为

$$[\mathbf{A},\mathbf{B},\mathbf{C},\mathbf{D}] = \text{tf2ss}(\text{num},\text{den})$$

$$[\mathbf{A},\mathbf{B},\mathbf{C},\mathbf{D}] = \text{zp2ss}(\text{num},\text{den})$$

$$\text{Gn} = \text{ss}(\text{G})$$

需要说明的是，由于同一传递函数的状态方程实现不唯一，传递函数只描述系统输入和输出之间的关系，是系统的外部描述形式；而状态空间表达式描述系统输入、输出和状态之间的关系，是系统的内部描述形式。由传递函数求状态空间表达式时，若状态变量选择不同，状态空间形式也不同。转换函数 tf2ss( ) 只能实现可控标准型状态方程。

利用 $[\mathbf{A},\mathbf{B},\mathbf{C},\mathbf{D}] = \text{zp2ss}(\text{num},\text{den})$ 可以将零极点形式给出的模型转换成可控标准型状态方程。对于 $\text{Gn} = \text{ss}(\text{G})$，可以将任意线性定常系统（LTI 系统）模型转换为状态方程。

【例 4-2】已知系统传递函数为 $G(s) = \dfrac{12s^3 + 24s^2 + 20}{2s^4 + 4s^3 + 6s^2 + 2s + 2}$，应用 MATLAB 的函数将其转换为状态方程形式的模型。

**解**　MATLAB 求解 M 文件如下：

```
num=[12 24 0 20];
den=[2 4 6 2 2];
[A,B,C,D]=tf2ss(num,den)


A =

   -2    -3    -1    -1
    1     0     0     0
    0     1     0     0
    0     0     1     0


B =

    1
    0
    0
    0
```

```
C =

      6      12       0      10

D =

      0
```

## 4.3.2 系统模型向传递函数形式转换

### 1. 状态空间模型向传递函数形式转换

系统的状态空间方程可表示为

$$\begin{cases} \dot{X} = AX + BU \\ Y = CX + DU \end{cases}$$

则等效的系统传递函数模型为

$$G(s) = \frac{Y(s)}{U(s)} = C(sI - A)^{-1}B + D$$

显然，在进行这种变换的过程中，关键在于 $(sI - A)^{-1}$ 的求取。MATLAB 提供了函数 ss2tf( )实现将状态空间方程转换为传递函数形式，基本格式为

$$[\text{num}, \text{den}] = \text{ss2tf}(A, B, C, D, \text{iu})$$

式中，iu 为指定变换所使用的输入量。

为了获得传递函数的系统形式，还可以采用下面的方式，即

$$G = \text{ss}(A, B, C, D)$$
$$Gn = \text{tf}(G)$$

由给定的状态空间模型转换为传递函数形式，结果是唯一的。

【例 4-3】 某线性定常系统的状态空间表达式为

$$\dot{X} = \begin{pmatrix} 0 & 1 & 1 \\ 0 & 0 & 1 \\ -10 & -17 & -8 \end{pmatrix} X + \begin{pmatrix} 0 \\ 0 \\ 1 \end{pmatrix} u, \quad y = (5 \quad 6 \quad 1) X$$

求该系统的传递函数。

**解** 编写 M 文件如下：

```
A = [0 1 1;0 0 1;-10  -17  -8];B = [0;0;1];C = [5 6 1];D = 0;
[num,den] = ss2tf(A,B,C,D);G = tf(num,den)
```

计算机运行结果为

```
Transfer function:
    s^2 +11s +5
    ---------------------------
  s^3 +8 s^2 +27 s +10
```

### 2. 零极点增益模型向传递函数形式转换

MATLAB 中提供了将零极点增益模型转换成传递函数形式的函数，其基本格式为

$$[\text{num},\text{den}] = \text{zp2tf}(\mathbf{Z},\mathbf{P},\mathbf{K})$$

或

$$G = \text{zpk}(\mathbf{Z},\mathbf{P},\mathbf{K})$$
$$Gn = \text{tf}(G)$$

## 4.3.3 系统模型向零极点形式转换

MATLAB 提供了实现系统模型向零极点形式转换的函数，其基本格式为

语句 1 $\qquad [z,p,k] = \text{ss2zp}(\mathbf{A},\mathbf{B},\mathbf{C},\mathbf{D},\text{iu})$

语句 2 $\qquad [z,p,k] = \text{tf2zp}(\text{num},\text{den})$

语句 3 $\qquad Gn = \text{zpk}(G)$

语句 1 是将状态方程形式的模型根据指定的输入，转换为零极点模型形式；语句 2 是将传递函数形式的模型转换为零极点形式；语句 3 可以将任意线性时不变（LTI）系统模型转换为零极点形式。

**【例 4-4】** 对于例 4-3 中的线性定常系统，将其转换为 zpk 形式。

**解** 编写 M 文件如下：

```
A=[0 1 1;0 0 1;-10 -17 -8];B=[0;0;1];C=[5 6 1];D=0;
[z,p,k]=ss2zp(A,B,C,D);Gn=zpk(z,p,k)
```

计算机运行结果如下：

```
Zero/pole/gain:
    (s +10.52)(s +0.4751)
------------------------------------------
(s +0.4199)(s^2 +7.58s +23.82)
```

## 4.3.4 传递函数形式与部分分式形式的转换

传递函数转化为部分分式的表示形式，关键在于求取各分式的分子待定系数，即下式中的 $r_i(i = 1,2,\cdots,n)$：

$$G(s) = \frac{r_1}{s - p_1} + \frac{r_2}{s - p_2} + \cdots + \frac{r_n}{s - p_n} + h(s)$$

在单极点情况下，该待定系数可用以下极点留数的求取公式得到：

$$r_i = G(s)(s - p_i)\big|_{s=p_i}$$

具有多重极点时，也有相应极点留数的求取公式可选用。MATLAB 提供 residue( ) 函数实现极点留数的求取，其基本格式为

$$[\mathbf{R},\mathbf{P},\mathbf{H}] = \text{residue}(\text{num},\text{den})$$
$$[\text{num},\text{den}] = \text{residue}(\mathbf{R},\mathbf{P},\mathbf{H})$$

**【例 4-5】** 某系统的传递函数为 $G(s) = \dfrac{20s + 10}{s^3 + 15s^2 + 74s + 120}$，求它的部分分式形式。

**解** 编写 M 文件如下：

```
num =[20 10];den=[1 15 74 120];
[R,P,H] = residue(num,den)
```

计算机运行结果如下：

```
     R =              P =

      -55.0000        -6.0000           H =
       90.0000        -5.0000
      -35.0000        -4.0000                []
```

表示  $G(s) = -\dfrac{55}{s+6} + \dfrac{90}{s+5} - \dfrac{35}{s+4}$

如果此时在命令行窗口中输入：

```
>>[n,d]=residue(R,P,H)
```

则计算机返回：

```
    n =

         0.0000   20.0000   10.0000

    d =

         1.0000   15.0000   74.0000   120.0000
```

可见，residue 函数既可以将传递函数形式转换成部分分式形式，也可以将部分分式形式转换成传递函数形式。

### 4.3.5　连续和离散系统之间的转换

在采样控制系统中，控制器的设计经常采用模拟化设计方法，这就需要对所设计的系统进行离散化转换。可以利用 4.2 节介绍的方法，利用 ss($\mathbf{A}$,$\mathbf{B}$,$\mathbf{C}$,$\mathbf{D}$,Ts) 或 tf(num,den,Ts) 函数对给出的系统进行离散化处理。

如果对离散化处理结果提出具体的转换方式要求，则可以采用 c2d( ) 函数或 c2dm( ) 函数进行，其基本格式为

$$Gd = c2d(Gc, Ts, method)$$

式中，Gc 表示连续系统模型；Ts 为系统采样周期；method 指定转换方式（'zoh'表示采用零阶保持器，'foh '表示采用一阶保持器，'tustin '表示采用双线性变换，'prewarp'表示采用频率预畸变的双线性变换）。

【例 4-6】某连续系统的状态空间表达式为 $\dot{\mathbf{X}} = \begin{pmatrix} 0 & 1 & 0 \\ 0 & 0 & 1 \\ -6 & -11 & -6 \end{pmatrix}\mathbf{X} + \begin{pmatrix} 1 & 0 \\ 2 & -1 \\ 0 & 2 \end{pmatrix}\mathbf{U}$，$\mathbf{Y} =$

$\begin{pmatrix} 1 & -1 & 0 \\ 2 & 1 & -1 \end{pmatrix}\mathbf{X}$，采用零阶保持器将其离散化，设采样周期为 0.1s，求离散化的系统方程。

**解**　编写 M 文件如下：

```
A=[0 1 0;0 0 1;-6 -11 -6];B=[1 0;2 -1;0 2];C=[1 -1 0;2 1 -1];
D=zeros(2);T=0.1;G=ss(A,B,C,D);Gd=c2d(G,T)
```

计算机的运行结果如下：

```
 a =                                    b =

              x1        x2       x3              u1         u2

    x1      0.9991   0.0984  0.004097    x1    0.1099   - 0.004672

    x2    - 0.02458  0.9541  0.07382     x2    0.1959    - 0.0902

    x3    - 0.4429  - 0.8366 0.5112      x3   - 0.1164    0.1936

 c =                                    d =
         x1  x2  x3                           u1  u2
     y1   1  -1   0                       y1   0   0      Sampling time:0.1
     y2   2   1  -1                       y2   0   0      Discrete - time model.
```

计算结果表示离散化后的系统方程为

$$X(k+1) = \begin{pmatrix} 0.9991 & 0.0984 & 0.0041 \\ -0.0246 & 0.9541 & 0.0738 \\ -0.4429 & -0.8366 & 0.5112 \end{pmatrix} X(k) + \begin{pmatrix} 0.1099 & -0.0047 \\ 0.1959 & -0.0902 \\ -0.1164 & 0.1936 \end{pmatrix} U(k)$$

$$Y(k) = \begin{pmatrix} 1 & -1 & 0 \\ 2 & 1 & -1 \end{pmatrix} X(k)$$

# 4.4  控制系统模型的连接

控制系统一般是由许多环节或子系统按照一定方式连接组合而成的，系统模型连接的方式主要有串联、并联、反馈等形式。MATLAB 提供了模型连接函数。

## 4.4.1  串联连接

函数 series 可实现两个线性模型的串联，其基本格式为

$$sys = series(sys1, sys2)$$

将 sys1 和 sys2 串联形成新系统 sys，运行结果等价于 sys = sys1 * sys2。

如果串联的两个系统 sys1、sys2 的状态方程系数分别为 $(\mathbf{A}_1, \mathbf{B}_1, \mathbf{C}_1, \mathbf{D}_1)$ 和 $(\mathbf{A}_2, \mathbf{B}_2, \mathbf{C}_2, \mathbf{D}_2)$，则串联后整个系统的系数矩阵将变为

$$\mathbf{A} = \begin{bmatrix} \mathbf{A}_1 & \mathbf{0} \\ \mathbf{B}_2\mathbf{C}_1 & \mathbf{A}_2 \end{bmatrix}, \mathbf{B} = \begin{bmatrix} \mathbf{B}_1 \\ \mathbf{B}_2\mathbf{D}_1 \end{bmatrix}, \mathbf{C} = [\mathbf{D}_2\mathbf{C}_1 \quad \mathbf{C}_2], \mathbf{D} = \mathbf{D}_1\mathbf{D}_2$$

对于 MIMO 系统，串联函数的调用格式为

$$sys = series(sys1, sys2, outputs1, inputs2)$$

该函数实现将由 outputs1 指定的 sys1 的输出端连接到由 inputs2 指定的 sys2 输入端。

## 4.4.2  并联连接

函数 parallel( ) 实现两个线性模型的并联，其基本格式为

$$sys = parallel(sys1, sys2)$$

sys1 和 sys2 在共同的输入信号作用下，将产生两个输出信号，而并联系统的输出就是这两个系统输出之和，运行结果等价于 sys = sys1 + sys2。

如果系统用状态方程的形式给出，则并联后的系统模型为

$$\begin{pmatrix} \dot{x}_1 \\ \dot{x}_2 \end{pmatrix} = \begin{pmatrix} A_1 & 0 \\ 0 & A_2 \end{pmatrix} \begin{pmatrix} x_1 \\ x_2 \end{pmatrix} + \begin{pmatrix} B_1 \\ B_2 \end{pmatrix}$$

$$y = \begin{pmatrix} c_1 & c_2 \end{pmatrix} \begin{pmatrix} x_1 \\ x_2 \end{pmatrix} + (D_1 + D_2) u$$

如果用传递函数对系统进行描述，$G_1(s) = \dfrac{num_1(s)}{den_1(s)}$、$G_2(s) = \dfrac{num_2(s)}{den_2(s)}$，则系统总传递函数为

$$G(s) = \frac{num_1(s) den_2(s) + num_2(s) den_1(s)}{den_1(s) den_2(s)}$$

对于 MIMO 系统有

$$sys = parallel(sys1, sys2, in1, in2, out1, out2)$$

式中，in1、in2 指定了相连接的输入端；out1、out2 指定了进行信号相加的输出端。

### 4.4.3 反馈连接

反馈系统是控制系统中最为重要与常见的一类系统，函数 feedback( ) 用于模型的反馈连接，其基本格式为

$$sys = feedback(sys1, sys2, sign)$$

式中，sign 默认为负反馈，sign = 1 时为正反馈。

如果由 sys1 与 sys2 表示的前向系统和反馈系统用传递函数表示，则反馈系统的传递函数为

$$G(s) = \frac{G_1(s)}{1 \pm G_1(s) G_2(s)}$$

对于 MIMO 系统，可以建立更加复杂的反馈系统，其基本格式为

$$sys = feedback(sys1, sys2, feedin, feedout, sign)$$

式中，feedin 为 sys1 的输入向量，用来指定 sys1 的哪些输入与反馈环节相连接；feedout 为 sys1 的输出向量，用来指定 sys1 的哪些输出端用于反馈。

【例 4-7】已知系统结构如图 4-1 所示，利用 MATLAB 求出系统的状态空间表达式。

其中，sys1：$\dot{\mathbf{X}} = \begin{pmatrix} -9 & 17 \\ -1 & 3 \end{pmatrix} \mathbf{X} + \begin{pmatrix} 0 & -1 \\ -1 & 0 \end{pmatrix} \mathbf{U}$，

$$\mathbf{Y} = \begin{pmatrix} -3 & 2 \\ -13 & 18 \end{pmatrix} \mathbf{X} + \begin{pmatrix} -1 & 0 \\ -1 & 0 \end{pmatrix} \mathbf{U}$$

sys2：$G_2(s) = \dfrac{2}{s + 2}$

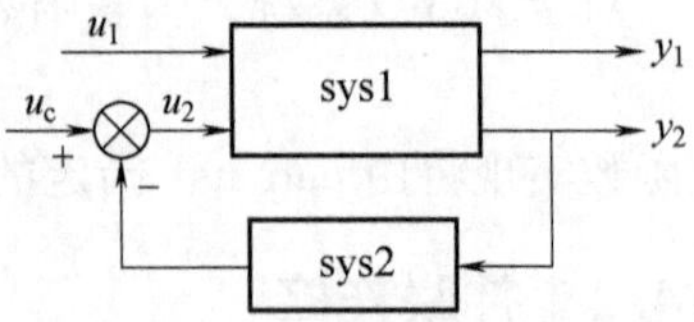

图 4-1　例题 4-7 图

**解**　编写 M 文件如下：

```
A1 =[ -9  17; -1  3];B1 =[0  -1; -1  0];C1 =[ -3  2; -13  18];D1 =[ -1  0; -1  0];
sys1 = ss(A1,B1,C1,D1);
sys2 = tf([2],[1  2]);sys = feedback(sys1,sys2,2,2,-1)
```

计算机的运行结果如下:

```
a =                              b =
          x1  x2  x3                       u1  u2
    x1   -9   17   1              x1    0   -1
    x2   -1    3   0              x2   -1    0
    x3  -26   36  -2              x3   -2    0
c =                              d =
          x1  x2  x3                       u1  u2
    y1   -3    2   0              y1   -1    0
    y2  -13   18   0              y2   -1    0     Continuous - time model.
```

计算结果表示该反馈系统的状态空间表达式为

$$\begin{pmatrix} \dot{x}_1 \\ \dot{x}_2 \\ \dot{x}_3 \end{pmatrix} = \begin{pmatrix} -9 & 17 & 1 \\ -1 & 3 & 0 \\ -26 & 36 & -2 \end{pmatrix} \begin{pmatrix} x_1 \\ x_2 \\ x_3 \end{pmatrix} + \begin{pmatrix} 0 & -1 \\ -1 & 0 \\ -2 & 0 \end{pmatrix} \begin{pmatrix} u_1 \\ u_c \end{pmatrix}$$

$$\begin{pmatrix} y_1 \\ y_2 \end{pmatrix} = \begin{pmatrix} -3 & 2 & 0 \\ -13 & 18 & 0 \end{pmatrix} \begin{pmatrix} x_1 \\ x_2 \\ x_3 \end{pmatrix} + \begin{pmatrix} -1 & 0 \\ -1 & 0 \end{pmatrix} \begin{pmatrix} u_1 \\ u_c \end{pmatrix}$$

## 4.5 系统模型的实现

根据状态空间表达形式不同,系统状态空间实现可分为能控标准型实现、能观标准型实现、对角线标准型实现、约当标准型实现。对于同一个系统,由于状态变量选取不同,其状态空间表达式也不同。MATLAB 提供的 tf2ss( ) 函数和 zp2ss( ) 函数能够得到状态空间表达式,但是一般不能直接得到能控标准型和能观标准型,可以通过线性变换将其转换成能控标准型和能观标准型。

### 4.5.1 能控标准型的实现

设系统的微分方程为

$$y^{(n)} + a_{n-1} y^{(n-1)} + \cdots + a_1 \dot{y} + a_0 y = b_0 u \tag{4-10}$$

设状态变量为

$$X = \begin{pmatrix} x_1 \\ x_2 \\ \vdots \\ x_n \end{pmatrix} = \begin{pmatrix} y \\ \dot{y} \\ \vdots \\ y^{(n-1)} \end{pmatrix} \tag{4-11}$$

则式（4-10）可改写为 $n$ 个一阶微分方程：

$$\begin{cases} \dot{x}_1 = x_2 \\ \dot{x}_2 = x_3 \\ \vdots \\ \dot{x}_{n-1} = x_n \\ \dot{x}_n = -a_0 x_1 - a_1 x_2 - \cdots - a_{n-1} x_n + b_0 u \end{cases} \tag{4-12}$$

写成状态空间表达式形式为

$$\begin{cases} \dot{X} = AX + Bu \\ y = CX \end{cases} \tag{4-13}$$

式中，$A = \begin{pmatrix} 0 & & & \\ \vdots & & I_{n-1} & \\ 0 & & & \\ -a_0 & -a_1 & \cdots & -a_{n-1} \end{pmatrix}$，$B = \begin{pmatrix} 0 \\ \vdots \\ 0 \\ 1 \end{pmatrix}$，$C = \begin{pmatrix} b_0 & 0 & \cdots & 0 \end{pmatrix}$

具有上面这种形式的状态方程，称为能控标准型。

如果选择状态变量为

$$X = \begin{pmatrix} x_1 \\ x_2 \\ \vdots \\ x_n \end{pmatrix} = \begin{pmatrix} y^{(n-1)} \\ y^{(n-2)} \\ \vdots \\ y \end{pmatrix} \tag{4-14}$$

则得到状态空间表达式的另一种形式：

$$A = \begin{pmatrix} -a_{n-1} & -a_{n-2} & \cdots & -a_0 \\ & & & 0 \\ & I_{n-1} & & 0 \\ & & & 0 \end{pmatrix}, B = \begin{pmatrix} b_0 \\ \vdots \\ 0 \\ 0 \end{pmatrix}, C = \begin{pmatrix} 0 & 0 & \cdots & 1 \end{pmatrix}$$

如果系统微分方程为

$$y^{(n)} + a_{n-1} y^{(n-1)} + \cdots + a_1 \dot{y} + a_0 y = b_0 u + b_1 \dot{u} + \cdots + b_{n-1} u^{(n-1)} \tag{4-15}$$

两边进行拉普拉斯变换，得到传递函数为

$$G(s) = \frac{Y(s)}{U(s)} = \frac{b_{n-1} s^{n-1} + b_{n-2} s^{n-2} + \cdots + b_1 s + b_0}{s^n + a_{n-1} s^{n-1} + \cdots + a_1 s + a_0} \tag{4-16}$$

将式（4-16）分解得

$$G(s) = \frac{X(s)}{U(s)} \cdot \frac{Y(s)}{X(s)} = \frac{1}{s^n + a_{n-1} s^{n-1} + \cdots + a_0} \cdot (b_{n-1} s^{n-1} + b_{n-2} s^{n-2} + \cdots + b_0)$$

选择式（4-11）状态变量，则能控标准型为

$$\dot{X} = \begin{pmatrix} 0 & & & \\ \vdots & & I_{n-1} & \\ 0 & & & \\ -a_0 & -a_1 & \cdots & -a_{n-1} \end{pmatrix} X + \begin{pmatrix} 0 \\ \vdots \\ 0 \\ 1 \end{pmatrix} u$$

$$y = \begin{bmatrix} b_0 & b_1 & \cdots & b_{n-1} \end{bmatrix} \boldsymbol{X}$$

【**例 4-8**】已知系统的状态空间表达式为 $\dot{\boldsymbol{X}} = \begin{pmatrix} 1 & 2 & -1 \\ 0 & 2 & 1 \\ 1 & -3 & 2 \end{pmatrix} \boldsymbol{X} + \begin{pmatrix} 0 \\ 1 \\ 1 \end{pmatrix} u, \ y = (1 \quad 0 \quad 1)\boldsymbol{X},$

求线性变换，将其变换成能控标准型。

**解** （1）判断系统是否能控，并且求出矩阵 $\boldsymbol{A}$ 的特征多项式。

输入下面语句：

```
A=[1 2 -1;0 2 1;1 -3 2];B=[0;1;1];C=[1 0 1];
Qc=ctrb(A,B)
syms s; det(s*eye(3)-A)
if rank(Qc)==3
    disp('The system is controllable')
else
    disp('The system is uncontrollable')
end
```

运行结果如下：

```
Qc =                        ans =
    0    1    8              s^3-5*s^2+12*s-11
    1    3    5
    1   -1  -10              The system is controllable
```

结果表明系统为能控，因此可以变换成能控标准型。而且求出矩阵 $\boldsymbol{A}$ 的特征多项式为
$$\det[\lambda \boldsymbol{I} - \boldsymbol{A}] = \lambda^3 - 5\lambda^2 + 12\lambda - 11 (即 a_0 = -11, a_1 = 12, a_2 = -5)$$

（2）计算变换矩阵：
$$\boldsymbol{Q} = \boldsymbol{Q}_C \begin{pmatrix} a_1 & a_2 & 1 \\ a_2 & 1 & 0 \\ 1 & 0 & 0 \end{pmatrix} = \boldsymbol{Q}_C \begin{pmatrix} 12 & -5 & 1 \\ -5 & 1 & 0 \\ 1 & 0 & 0 \end{pmatrix}, \ \boldsymbol{P} = \boldsymbol{Q}^{-1}$$

输入以下语句：

```
Q=Qc*[12 -5 1;-5 1 0;1 0 0],P=inv(Q)
```

运算结果如下：

```
Q =                         P =
    3    1    0             0.2353  -0.0588   0.0588
    2   -2    1             0.2941   0.1765  -0.1765
    7   -6    1             0.1176   1.4706  -0.4706
```

（3）计算出能控标准型。

输入以下语句：

```
Ab=P*A*Q,Bb=P*B,Cb=C*Q
```

运算结果如下：

| Ab = | | | Bb = | | Cb = |
|---|---|---|---|---|---|
| 0 | 1.0000 | 0.0000 | 0 | | |
| 0 | 0 | 1.0000 | 0.0000 | | |
| 11.0000 | -12.0000 | 5.0000 | 1.0000 | 10 | -5  1 |

结果表明，经过线性变换 $X = P^{-1}\overline{X}$ 以后的系统方程为

$$\dot{\overline{X}} = \begin{pmatrix} 0 & 1 & 0 \\ 0 & 0 & 1 \\ 11 & -12 & 5 \end{pmatrix} \overline{X} + \begin{pmatrix} 0 \\ 0 \\ 1 \end{pmatrix} u, \quad y = (10 \quad -5 \quad 1)\overline{X}$$

### 4.5.2  能观标准型的实现

若系统微分方程如式（4-15），则系统能观标准型的状态空间表达式为

$$\dot{X} = \begin{pmatrix} 0 & 0 & \cdots & -a_0 \\ & & & -a_1 \\ & I_{n-1} & & \vdots \\ & & & -a_{n-1} \end{pmatrix} X + \begin{pmatrix} b_0 \\ b_1 \\ \vdots \\ b_{n-1} \end{pmatrix} u \tag{4-17}$$

$$y = \begin{bmatrix} 0 & \cdots & 0 & 1 \end{bmatrix} X$$

### 4.5.3  对角线标准型的实现

设式（4-16）所示的传递函数，其分母有 $n$ 个不相同的实极点，分别为 $\lambda_1$，$\lambda_2$，$\cdots$，$\lambda_n$，用部分分式展开后得到

$$G(s) = \frac{Y(s)}{U(s)} = \frac{C_1}{s-\lambda_1} + \frac{C_2}{s-\lambda_2} + \cdots + \frac{C_n}{s-\lambda_n} \tag{4-18}$$

式中，$C_i$ 为极点处的留数（$i = 1,2,\cdots,n$）。

令状态变量

$$X_i(s) = \frac{1}{s-\lambda_i} U(s) \quad i = 1,2,\cdots,n \tag{4-19}$$

则

$$Y(s) = C_1 X_1(s) + C_2 X_2(s) + \cdots + C_n X_n(s) \tag{4-20}$$

系统状态空间表达式为

$$\dot{X} = AX + Bu \tag{4-21}$$
$$y = CX$$

式中，$A = \begin{pmatrix} \lambda_1 & 0 & \cdots & 0 \\ 0 & \lambda_2 & \cdots & 0 \\ \vdots & \vdots & & \vdots \\ 0 & 0 & \cdots & \lambda_3 \end{pmatrix}$，$B = \begin{pmatrix} 1 \\ 1 \\ \vdots \\ 1 \end{pmatrix}$，$C = (C_1 \quad C_2 \quad \cdots \quad C_n)$。

### 4.5.4  标准型的软件实现

MATLAB 中提供 canon（）函数生成标准型状态模型，基本格式为

$$csys = canon(sys, type)$$

式中，sys 为原系统状态方程模型；字串 type 为标准类型选项（'modal'为对角标准型实现，特征值在矩阵 $\boldsymbol{A}$ 阵的对角线上；'companion'为一种伴随标准型实现，特征多项式系数在矩阵 $\boldsymbol{A}$ 的右列上）。

**【例 4-9】** 已知系统传递函数为 $G(s) = \dfrac{4s^2 + 5s + 1}{s^3 + 6s^2 + 11s + 6}$，用不同状态空间实现函数进行转换。

**解** MATLAB 求解 M 文件：

```
num = [4 5 1];den = [1 6 11 6];
G = tf(num,den);
[A,B,C,D] = tf2ss(num,den);
G1 = ss(A,B,C,D);        %使用 tf2ss 函数的模型转换
G2 = ss(G);             %使用 ss 函数的模型转换
G3 = canon(G,'modal');    %使用 canon 函数,将模型转换成为对角线标准型
G4 = canon(G,'companion');%使用 canon 函数,将模型转换成为伴随标准型
```

运行该 M 文件后，对于同一传递函数的系统得出以下 4 种状态空间表达式：

$$G1: \quad \dot{\boldsymbol{X}} = \begin{pmatrix} -6 & -11 & -6 \\ 1 & 0 & 0 \\ 0 & 1 & 0 \end{pmatrix} \boldsymbol{X} + \begin{pmatrix} 1 \\ 0 \\ 0 \end{pmatrix} u, \quad y = (4 \quad 5 \quad 1)\boldsymbol{X}$$

$$G2: \quad \dot{\boldsymbol{X}} = \begin{pmatrix} -6 & -5.5 & -3 \\ 2 & 0 & 0 \\ 0 & 1 & 0 \end{pmatrix} \boldsymbol{X} + \begin{pmatrix} 2 \\ 0 \\ 0 \end{pmatrix} u, \quad y = (2 \quad 1.25 \quad 0.25)\boldsymbol{X}$$

$$G3: \quad \dot{\boldsymbol{X}} = \begin{pmatrix} -3 & 0 & 0 \\ 0 & -2 & 0 \\ 0 & 0 & -1 \end{pmatrix} \boldsymbol{X} + \begin{pmatrix} -11 \\ -12 \\ 3 \end{pmatrix} u, \quad y = (-1 \quad 0.5833 \quad 0)\boldsymbol{X}$$

$$G4: \quad \dot{\boldsymbol{X}} = \begin{pmatrix} 0 & 0 & -6 \\ 1 & 0 & -11 \\ 0 & 1 & -6 \end{pmatrix} \boldsymbol{X} + \begin{pmatrix} 1 \\ 0 \\ 0 \end{pmatrix} u, \quad y = (4 \quad -19 \quad 71)\boldsymbol{X}$$

# 本 章 小 结

控制系统模型是控制系统仿真的基础。本章首先介绍了连续系统和离散系统常用的数学模型、MATLAB 的表示形式以及模型参数的获取方法。连续系统有微分方程、传递函数、零极点增益、部分分式和状态空间模型，其中微分方程和传递函数的模型参数一致，通常用对应的传递函数模型来表示。离散系统有差分方程、脉冲传递函数和状态空间三种形式的模型。着重介绍了各种模型之间的转换、连接以及系统状态空间的各种实现。利用 MATLAB 提供的 tf2ss()、zp2ss()、tf2zp()、ss2zp()、ss2tf()、zp2tf()、residue() 函数，可以很方便地求出满足不同要求的模型；连续系统和离散系统之间，也可以利用 c2d 函数进行转换。利用函数 series()、parallel()、feedback()、connect() 实现系统模型的连接。

## 习　　题

4-1　某系统的传递函数为 $G(s) = \dfrac{1.3s^2 + 2s + 3}{s^3 + 0.5s^2 + 1.2s + 1}$，使用 MATLAB 求出状态空间表达式和零极点模型。

4-2　某单输入单输出系统：$\dddot{y} + 6\ddot{y} + 11\dot{y} + 6y = 6u$，试求该系统状态空间表达式的对角线标准型。

4-3　求出以下系统的传递函数：

$$\dot{X} = \begin{pmatrix} -1 & 0 & 1 \\ 1 & -2 & 0 \\ 0 & 0 & -3 \end{pmatrix} X + \begin{pmatrix} 0 \\ 0 \\ 1 \end{pmatrix} u, \quad y = (1 \quad 1 \quad 0) X$$

# 第5章

# Simulink 在系统仿真中的应用

对实际工程项目中的控制系统进行计算机仿真时，如果不借助专门的系统仿真建模软件，很难准确地将一个复杂的控制系统模型输入计算机中，并对其进行进一步分析与仿真。Simulink 是 MathWorks 公司于 1990 年推出的产品，它作为 MATLAB 的一个集成软件工具包，是用于在 MATLAB 下建立模块化的集成仿真环境。Simulink 是 MATLAB 软件的扩展，目前Simulink 是控制系统计算机仿真领域内的一种最为先进、高效、便捷的工具之一。与 MAT-LAB R2015b 相配套的版本是 Simulink 8.6。

## 5.1 Simulink 建模的基础知识

Simulink 包含两层含义："Simu"表示仿真（simulation）；而"link"表示它能够进行系统连接，即把一系列模块连接起来，构成复杂的系统模型。正是由于它的这些功能和特色，使得它成为计算机仿真领域首选的仿真环境。

由于 Simulink 是基于 MATLAB 的集成仿真环境，所以在启动 Simulink 之前要首先启动MATLAB。然后，在 MATLAB 的界面中启动 Simulink Library 并且建立系统模型。图5-1 所示为图形库浏览器界面。

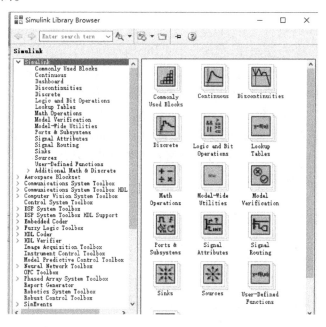

图 5-1　图形库浏览器界面

在 Simulink 环境下, 在 MATLAB 的命令窗口上方单击 Simulink Library 图标, 即可打开 Simulink Library 窗口, 在 Simulink Library 窗口上方单击 New Model 就打开了一个空白的模型窗口。该窗口是一个名为"untitled"的空白模型编辑窗口, 可以将其按照自己选择的合法文件名 (如 test1. slx) 保存。在之前的版本中, 仿真模型文件的扩展名为". mdl", 而在 Simulink 8.6 中, 仿真模型文件的扩展名为". slx"。默认存放仿真文件的文件夹路径为 MATLAB\R2015b\bin。

Simulink 的仿真模型窗口如图 5-2 所示。Simulink 的仿真模型窗口界面由标题、功能菜单和用户模型编辑区三部分组成。在用户模型编辑区中, 用户可以建立、编辑系统仿真模型的结构图。结构图中所需要的模块可直接从 Simulink 图形库浏览器窗口中拖拽复制。当用户完成 Simulink 系统模型的编辑后, 需要设置模块参数和系统仿真参数, 最后即可进行系统仿真。

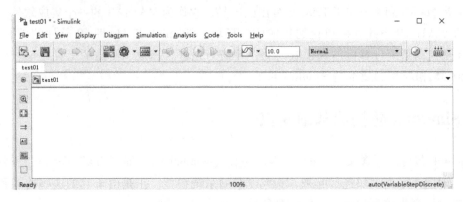

图 5-2 Simulink 的仿真模型窗口

### 5.1.1 Simulink 8.6 常用模块

在标准 Simulink 8.6 模块库中, 有常用模块组 (Commonly Used Blocks)、连续模块组 (Continuous)、仪表板模块组 (Dashboard)、不连续模块组 (Discontinuities)、离散模块组 (Discrete)、逻辑与位操作模块组 (Logic and Bit Operations)、查询表模块组 (Lookup Tables)、数学运算模块组 (Math Operations)、模型辨识模块组 (Model Verification)、模型扩充工具模块组 (Model-Wide Utilities)、端口和子系统模块组 (Ports & Subsystems)、信号特征 (Signal Attributes)、信号线路 (Signal Routing)、信号池模块组 (Sinks)、输入源模块组 (Sources)、用户自定义函数模块组 (User-Defined Functions)、附加数学和离散模块组 (Additional Math & Discrete) 等部分。此外, 还有各工具箱的模块组。用户还可以将自己编写的模块组挂靠到模块库浏览器下。

**1. 连续模块组** (Continuous)

在 Simulink 的基本模块中选择 "Continuous", 右侧的列表框中即可显示出图 5-3 所示的连续模块组中的模块。

连续模块组主要包括以下模块:

(1) Derivative (数值微分模块)

该模块的作用是将输入端的信号经过一阶数值微分, 然后在输出端输出。它通过计算公式 $\Delta u/\Delta t$ 来近似计算输入信号的导数。

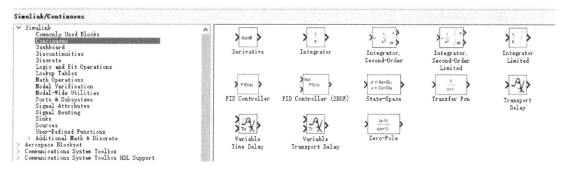

图 5-3　连续模块组

（2）Integrator（连续时间积分模块）

该模块将输入信号经过数值积分，然后在输出端输出。用框图来表示常微分方程时可以使用该模块。

（3）State-Space（状态空间模型模块）

使用该模块可以建立线性定常系统的状态空间表达式模型。系统的状态方程为

$$\dot{X} = AX + Bu$$
$$y = CX + Du$$

式中，$A$、$B$、$C$、$D$ 为对应维数的矩阵；$u$ 为输入信号；$y$ 为输出信号。

（4）Transfer Fcn（传递函数模型模块）

使用该模块可以建立线性定常系统的传递函数模型。系统的传递函数通常可以表示为

$$G(s) = \frac{\text{num}(s)}{\text{den}(s)} = \frac{b_m s^m + b_{m-1} s^{m-1} + \cdots + b_1 s + b_0}{a_n s^n + a_{n-1} s^{n-1} + \cdots + a_1 s + a_0}$$

（5）Transport Delay（时间延迟模块）

在模块内部设置延迟时间，对输入信号进行给定的延迟。启动仿真后，模块从初始时刻到设定的延迟时间之前都输出 Initial input 参数值。

（6）Variable Transport Delay（可变时间延迟模块）

该模块可以用来模拟一个延迟时间可变的延迟环节。它有两个输入：IN1 为被延迟的信号，IN2 为被延迟的时间长度。

（7）Zero-Pole（零极点模型模块）

该模块将传递函数模型的分子和分母分别进行因式分解，得到系统的零极点模型：

$$G(s) = K \frac{(s + z_1)(s + z_2) \cdots (s + z_m)}{(s + p_1)(s + p_2) \cdots (s + p_n)}$$

式中，$K$ 为系统的增益；$-z_i (i = 1, \cdots, m)$ 为系统的零点；$-p_i (i = 1, \cdots, n)$ 为系统的极点。

**2. 仪表板模块组**（Dashboard）

在 Simulink 的基本模块中选择 "Dashboard"，右侧的列表框中即可显示出图 5-4 所示的仪表板模块组中的模块。

该模块组中有示波器（Dashboard Scope）、圆形仪表（Gauge）、半圆形仪表（Half Gauge）、按钮（Knob）、信号灯（Lamp）等通常仪表板上常见器件的仿真模块。

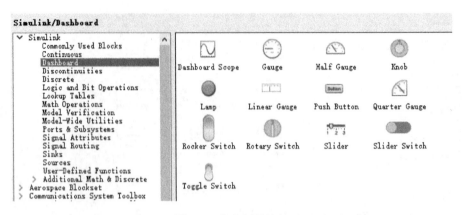

图 5-4　仪表板模块组

### 3. 不连续模块组（Discontinuities）

在 Simulink 的基本模块中选择"Discontinuities"，右侧的列表框中即可显示出图 5-5 所示的不连续模块组中的模块，这些模块实际上是一些非线性模块。

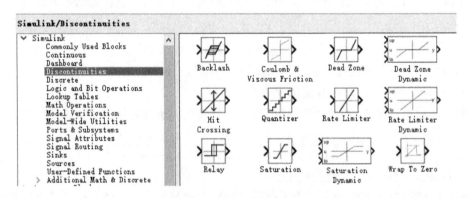

图 5-5　不连续模块组

不连续模块组中包括以下模块：

（1）Backlash（磁滞回环模块）

当输入的方向改变时，输入的初始变化对输出没有影响；只有当输入的变化幅度超过一定值时输出才会发生变化。这个四边形的区域称为回差或磁滞回环。

（2）Coulomb & Viscous Friction（库仑及黏性摩擦模块）

该模块用于建立库仑（静）力和黏滞（动）力模型。其特点是：在零点不连续而在其余的点为线性增益。偏置对应库仑力，而增益对应黏滞力。该模块的输入输出关系可以用如下函数式表示：

$$y = \text{sign}(u) \cdot [\text{Gain} \times \text{abs}(u) + \text{Offset}]$$

式中，$y$ 为输出；$u$ 为输入；Gain、Offset 为模块参数，分别表示线性增益和偏置。

（3）Dead Zone（死区模块）

该模块产生一个死区非线性特性，分别用 Start of dead zone 和 End of dead zone 参数指定截止区的下限值和上限值。如果输入值在截止区内，则输出为零；如果输入大于或等于上限值，则输出等于输入减去上限值；如果输入小于或等于下限值，则输出等于输入减去下限值。

（4）Dead Zone Dynamic（动态死区模块）

该模块动态地限制输入信号的范围，产生指定范围内的输出死区。用 up 动态设置上限值，用 lo 动态设置下限值。模块的截止区取决于所设置的上限值和下限值。如果输入在截止区内，则输出为零；如果输入大于或等于上限值，则输出等于输入减去上限值；如果输入小于或等于下限值，则输出等于输入减去下限值。

（5）Hit Crossing（捕获穿越点模块）

该模块将输入信号和所设定的 Hit cossing offset 值进行比较，当输入信号等于该值时，输出为 1；当输入信号不等于该值时，输出为 0。

（6）Quantizer（量化模块）

该模块对输入信号进行整量化处理，将平滑的输入信号变为阶梯状的输出信号。整量化计算采用四舍五入法，可以用以下函数来表示：

$$y = q \cdot \text{round}(u/q)$$

式中，$y$ 为输出；$u$ 为输入；$q$ 为所设置的 Quantization interval 值。

（7）Rate Limiter（速度限制模块）

该模块用来限制信号的一阶导数，其输出信号的变化率将低于设定值。一阶导数用方程 $\text{rate} = \dfrac{u(i) - y(i-1)}{t(i) - t(i-1)}$ 计算得出。其中，$u(i)$ 和 $t(i)$ 为当前模块的输入和时间，$y(i-1)$ 和 $t(i-1)$ 为前一拍的输出和时间。该模块的输出取决于 rate 值和模块中设置的 $R$（Rising slew rate）以及 $F$（Falling slew rate）比较的结果：

如果 rate 值大于 $R$ 值，则输出为 $y(i) = \Delta t \cdot R + y(i-1)$。

如果 rate 值小于 $F$ 值，则输出为 $y(i) = \Delta t \cdot F + y(i-1)$。

如果 rate 值在 $R$ 和 $F$ 之间，则输出为输入值：$y(i) = u(i)$。

（8）Rate Limiter Dynamic（动态限速模块）

该模块动态地限制信号的上升速率和下降速率，使其不超过规定的限制值。用 up 动态设置上升速率限制，用 lo 动态设置下降速率限制。

（9）Relay（继电器模块）

该模块产生一个继电非线性特性，模块只输出两个特定的值。当模块输出状态为"on"时，此状态就一直保持，直到输入下降到比所设置的 Switch off point 参数值小时，模块输出状态才切换为"off"；当模块输出状态为"off"时，此状态就一直保持，直到输入上升到比所设置的 Switch on point 参数值大时，模块输出状态才切换为"on"。

（10）Saturation（饱和模块）

该模块产生一个饱和非线性特性，可以在该模块中设置上、下限。当输入信号低于 Lower limit（下限值）时，则模块输出下限值；当输入信号高于 Upper limit（上限值）时，则模块输出上限值；当输入信号在上、下限幅值之间时，则输入信号无变化输出。

（11）Saturation Dynamic（动态饱和模块）

该模块动态地设置饱和限幅值。用 up 动态设置上限值，用 lo 动态设置下限值。当输入信号低于下限值时，则模块输出下限值；当输入信号高于上限值时，则模块输出上限值；当输入信号在上、下限幅值之间时，则输入信号无变化输出。

（12）Wrap To Zero（归零模块）

当输入信号超过 Threshhold 参数限定值时，模块输出零；当输入信号小于或等于限定值时，输入信号无变化输出。

**4. 离散模块组**（Discrete）

在 Simulink 的基本模块中选择"Discrete"，右侧的列表框中即可显示出图 5-6 所示的离散模块组中的模块。

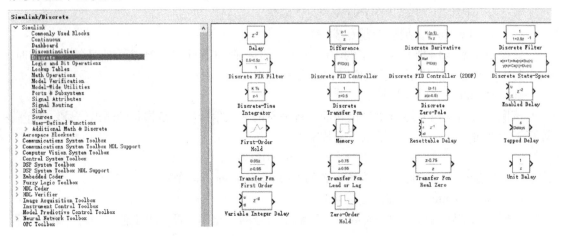

图 5-6　离散模块组

下面介绍离散模块组中的几个模块：

（1）Difference（差分模块）

该模块对输入信号进行一阶差分运算，输出为当前输入值减去前一拍的输入值。

（2）Discrete Derivative（离散时间导数模块）

该模块计算输入信号的离散时间一阶导数：输出为当前输入值减去前一拍的输入值，再除以采样时间长度。

（3）Discrete Filter（离散滤波模块）

该模块用于实现无限尖脉冲响应（Infinite Impulse Response，IIR）和有限尖脉冲响应（Finite Impulse Response，FIR）的滤波。用户可以在 Numerator（分子）和 Denominator（分母）的参数设定框中按照 $z^{-1}$ 的升幂次序设定分子、分母多项式的系数。分母的阶次必须大于或等于分子的阶次。

（4）Discrete State-Space（离散状态空间模块）

该模块用于构造一个离散系统的状态空间表达式：

$$X(k+1) = AX(k) + Bu(k)$$
$$Y(k) = CX(k) + Du(k)$$

式中，$X$ 为 $n$ 维状态向量；$u$ 为 $m$ 维输入向量；$Y$ 为 $r$ 维输出向量；$A$ 为 $n \times n$ 维矩阵；$B$ 为 $n \times m$ 维矩阵；$C$ 为 $r \times n$ 维矩阵；$D$ 为 $r \times m$ 维矩阵。

（5）Discrete Transfer Fcn（离散系统脉冲传递函数模块）

该模块用来建立一个离散系统的脉冲传递函数模型。

（6）Discrete Zero-Pole（离散系统脉冲传递函数零极点模块）

该模块用来建立一个离散系统的脉冲传递函数因式分解后的零极点模型。

（7）Discrete-Time Integrator（离散时间积分模块）

在构建纯离散系统时，用该模块作为积分器。允许用户做以下设置：在模块对话框中定义初始条件；定义模块输出的状态；定义积分的上、下限；根据附加的复位输入复位该积分器的状态。

（8）First-Order Hold （一阶保持模块）

该模块在指定的时间间隔上实现采样和一阶保持。实际系统中通常使用零阶保持器，因此本模块在实际中很少使用。

（9）Memory （记忆模块）

该模块输出前一拍的输入信号，并且具有零阶保持功能。

（10）Zero-Order Hold （零阶保持模块）

该模块在指定的时间间隔上对输入信号实现采样和零阶保持。

**5. 逻辑与位操作模块组**（Logic and Bit Operations）

如图 5-7 所示，该模块组包括逻辑判断（如等于、大于、小于、大于或等于、小于或等于）模块（当条件为真时输出 "1"，条件为假时输出 "0"）、布尔代数逻辑运算（如与、或、非、与非、或非、异或）模块、对某位置位模块和复位模块、检测信号是否为上升的模块、检测信号是否为下降的模块以及检测脉冲时间宽度的模块等。

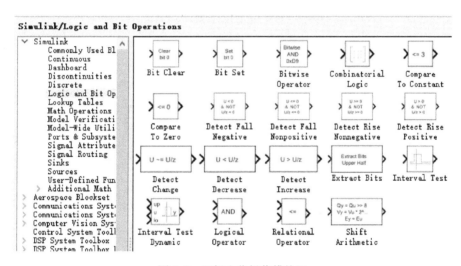

图 5-7　逻辑和位操作模块组

（1）Bit Clear （指定位清零模块）

该模块对指定项的整数清零。例如：如果指定项是 2，输入是一个常数向量 $2.\hat{}[0\ 1\ 2\ 3\ 4]$，用二进制表示为[00001 00010 00100 01000 10000]，将第 2 项清零，结果为[00001 00010 00000 01000 10000]，用十进制表示就是[1 2 0 8 16]。

（2）Bitwise Operator （位运算模块）

该模块对操作数进行按位的布尔代数运算，包括与、或、非、与非、或非、异或等。

（3）Detect Change （检测变化模块）

该模块用于检测信号值的变化。当前输入值等于前一拍输入值时，输出为零；当前输入值不等于前一拍输入值时，输出就不为零。

（4）Logical Operator （逻辑运算模块）

该模块对输入执行逻辑运算，包括与、或、非、与非、或非、异或，相当于对应的逻辑门电路。

（5）Relational Operator（关系运算模块）

该模块对两个输入进行关系运算，并且根据表 5-1 产生输出。

表 5-1　关系运算与输出对应表

| 关系运算 | 输　　出 |
|---|---|
| = = | TRUE，如果两个输入相同 |
| ~ = | TRUE，如果两个输入不相同 |
| < | TRUE，如果第一个输入小于第二个输入 |
| < = | TRUE，如果第一个输入小于或等于第二个输入 |
| > = | TRUE，如果第一个输入大于或等于第二个输入 |
| > | TRUE，如果第一个输入大于第二个输入 |

如果运算结果为"TRUE"，则输出为 1；如果运算结果为"FALSE"，则输出为 0。

**6. 数学运算模块组**（Math Operations）

如图 5-8 所示，数学运算模块组主要包括以下模块。

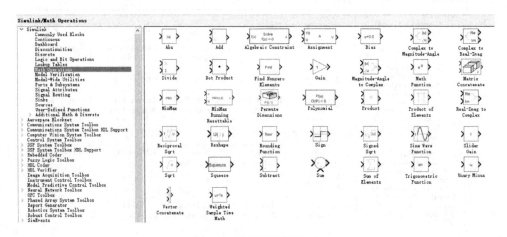

图 5-8　数学运算模块组

（1）Abs（求绝对值模块）

该模块的输出为输入信号的绝对值。

（2）Add（加法模块）

该模块用于将若干个输入信号进行相加或相减运算后输出。

（3）Algebraic Constraint（求解代数方程模块）

该模块将输入 $f(z)$ 置为 0，并且输出导致方程 $f(z)=0$ 的值（即方程的根）。输出可以通过某反馈路径影响输入。默认时，"Initial guess"参数为零，用户可以通过给该参数设置更接近于求解值的 $z$，来提高求解速度。

（4）Assignment（赋值模块）

该模块用于将给定信号赋值。

（5）Bias（偏差模块）

该模块用于将输入量加上偏差：

$$Y = U + \text{Bias}$$

式中，$U$ 为模块输入；$Y$ 为模块输出；Bias 为所设置的偏差值。

（6）Complex to Magnitude- Angle（复数转换成极坐标形式）

该模块将输入的具有实部和虚部的直角坐标形式的复数，转换成对应的具有幅值和辐角的极坐标形式的复数。

（7）Complex to Real- Imag（复数转换成实部虚部形式模块）

该模块接收双精度复信号，根据设置该模块可以输出输入信号的实部或者虚部，或者同时输出实部和虚部。

（8）Divide（乘法与除法模块）

该模块用于对输入进行乘法或者除法运算。

（9）Dot Product（点积模块）

该模块对两个维数相同的输入矢量进行点积运算，输出为标量。

（10）Gain（增益模块）

该模块对输入信号乘上一个所设定的常数、变量或者表达式。

（11）Magnitude- Angle to Complex（幅值和辐角转换为复数）

该模块可以将一个幅值和一个辐角信号变换为复数信号输出。输入必须是双精度型实信号，辐角的单位是弧度。

（12）Math Function（数学函数模块）

该模块可以进行多种常用数学函数运算。用户可以选择如下函数之一：exp、log、10u、log10、square、sqrt、power 等。输出用这些函数对输入进行计算以后的结果，函数名在模块上显示。

（13）Matrix Concatenate（矩阵连接模块）

该模块将输入的矩阵按水平方向，或者竖直方向连接。

（14）MinMax（最小值与最大值模块）

该模块将输入的最小值或最大值元素输出，用户可以通过 Function 参数表，来选择合适的函数。如果只有一个输入端口，模块输入矢量的最小元素或者最大元素用一个标量输出；如果输入端口多于一个，各输入矢量必须具有相同的维数，模块将各输入矢量的各元素逐一进行比较，输出一个同样维数的矢量，其各元素为各输入矢量中对应元素的最小值或最大值。

（15）Polynomial（多项式模块）

在该模块中设置多项式的系数，输出为将输入值代入该多项式所得出的值。

（16）Product（乘积模块）

该模块对输入进行乘法或除法运算，输入可以是标量，也可以是矩阵。当输入是矩阵时，除法表示乘以该矩阵的逆矩阵。

（17）Real- Imag to Complex（实部和虚部转换为复数模块）

该模块将输入的实部和虚部值转换成一个复数值输出。

（18）Reshape（改变信号维数模块）

该模块可以根据设定，将输入信号的维数改变为指定的维数。

（19）Rounding Function（取整模块）

根据设定 floor、ceil、round 和 fix，该模块对输入信号进行不同的取整处理后输出：设定 floor 时，将输入信号的每一个元素向下取一个最接近的整数；设定 ceil 时，将输入信号的每一个元素向上取一个最接近的整数；设定 round 时，将输入信号的每一个元素取一个最接近的整数；设定 fix 时，将输入信号的每一个元素取一个最接近零的整数。

（20）Sign（判别正负号模块）

该模块用于判别输入信号的正负号。当输入信号为正时输出 1，当输入信号为负时输出 −1，当输入信号为 0 时输出 0。

（21）Slider Gain（滑标增益模块）

该模块使用户在仿真期间可以使用滑标来改变标量增益值。模块接收一个输入并且产生一个输出。用户可以通过两种方法来改变增益：第一种是移动滑标或者在当前增益栏中输入新值，第二种是通过改变上、下限来改变增益范围。

（22）Sum 与 Subtract（求代数和与求代数差模块）

对输入信号进行相加与相减运算。

（23）Trigonometric Function（三角函数模块）

该模块可根据设置执行多种常用的三角函数和反三角函数运算。

（24）Unary Minus（符号取反模块）

该模块的作用相当于将输入信号乘以 −1 后输出，使其符号变为相反。

**7. 信号池模块组**（Sinks）

在任何一个仿真模型中，信号最终都需要输出或者显示，因此信号池模块是不可少的。在基本模块中选择"Sink"，右侧的列表框中就会显示信号池模块组的模块，如图 5-9 所示。

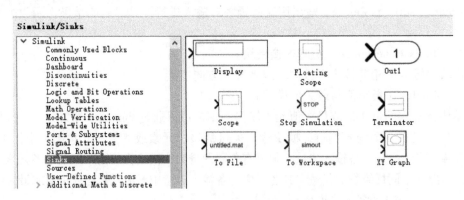

图 5-9　信号池模块组

信号池模块组主要包括以下模块。

（1）Display（显示模块）

该模块是一个数字显示器，用数字形式显示输入的数值。

（2）Out1（输出模块）

该模块为子系统或者外部输出生成一个输出端口。

（3）Scope（示波器模块）

以示波器的形式显示仿真结果。用户可以调整时间长度和显示范围。

（4）Stop Simulation（停止仿真模块）

一旦该模块的输入为非零，系统的仿真就立即停止。

（5）XY Graph（XY 图形显示模块）

与 Scope 不同的是：Scope 的横指标是时间轴，而 XY Graph 模块的两个输入信号分别作为 X 轴和 Y 轴的输入来绘制图形。

**8. 输入源模块组**（Sources）

输入源模块组包含多种常用的信号和数据发生器，可以满足绝大多数系统仿真的要求。在基本模块中选择"Sources"，右侧的列表框中即可显示输入源模块组的模块，如图 5-10 所示。

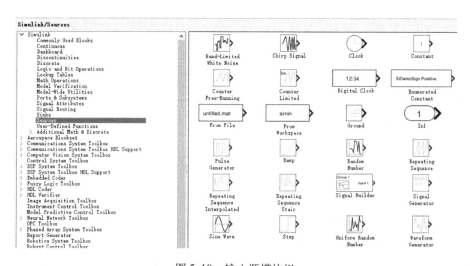

图 5-10　输入源模块组

输入源模块组主要包括以下模块。

（1）Band-Limited White Noise（带宽受限的白噪声信号源模块）

产生白噪声随机信号，用户可以使用具有比系统最小时间常数更小的相关时间的随机序列来模拟白噪声的效果。

（2）Chirp Signal（宽频谱信号模块）

该模块产生频率随时间线性增加的正弦信号，可用于非线性系统的频谱分析。模块产生标量或者矢量输出。

（3）Clock（时钟模块）

该模块在仿真的每一步输出仿真时间。对于其他需要仿真时间的模块非常有用。当用户在进行离散系统仿真时，可以使用 Digital Clock 模块。

（4）Constant（常量模块）

该模块输出与时间无关的实数或者复数。它只有一个输出，用户可以在对话框中的"Constant value"参数栏中指定常数（或矩阵），它的维数决定了输出的维数。

（5）Counter Free-Running（自由跑锯齿波计数器模块）

在该模块的对话框"Number of Bit"中，可以设定最大值的二进制位数 $N$，当计数达到最大值 $(2^N-1)$ 时清零，并且重新开始计数。

（6）Counter Limited（设限锯齿波计数器模块）

该模块的功能与 Counter Free-Running 模块相似，只是在对话框"Upper Limit"中直接

设置的就是最大值 $N$。当计数达到最大值 $N$ 时清零，并且重新开始计数。

（7）From File（由文件导入模块）

该模块输出一个从 MAT 文件中读入的数据。模块图标显示提供数据的文件名，文件必须是不少于两行的矩阵：第一行是单调递增的时间，其他行的数据与第一行相应列上的时间应一一对应。

（8）From Workspace（由工作空间导入模块）

该模块用于从 MATLAB 工作空间中读入数据。模块的 Data 参数通过一个两行矩阵或者包含信号和时间步的列表结构的 MATLAB 表达式来定义工作空间数据。矩阵或结构的格式与从工作空间载入数据的格式相同。

（9）Ground（接地模块）

当系统中有模块的输入端需要接地时，接地模块可以使其接地。该模块的输出为零。

（10）In1（输入信号模块）

该模块为子系统或外部输入产生一个输入口。

（11）Pulse Generator（脉冲生成器模块）

该模块产生固定频率方波脉冲序列。通过参数设置，可以产生各种不同幅值、频率和占空比的方波。

（12）Ramp（斜坡信号模块）

该模块可以产生指定初始时间、初始值以及变化率的斜坡信号。

（13）Random Number（随机数字模块）

该模块可以产生正态分布的随机数字。在每一次仿真开始时，种子都设置为指定的值。默认时，产生的随机数字序列的均值为 0，方差为 1，用户也可以通过设置参数来改变它们。

（14）Repeating Sequence（周期信号模块）

该模块可以产生任意常用的周期信号，如三角波、锯齿波等。

（15）Repeating Sequence Interpolated（内插值周期信号模块）

该模块输出离散时间的周期信号。在两点之间采用 Lookup Method 进行插值。

（16）Repeating Sequence Stair（阶梯周期信号模块）

该模块输出重复离散的阶梯周期信号。

（17）Signal Builder（信号建立模块）

该模块用于生成分段线性的、可交换的信号组，并且将信号用于模型。

（18）Signal Generator（信号发生器模块）

该模块可以产生三种不同波形的信号：正弦波、方波和锯齿波。信号频率的单位是 Hz（赫兹）或 rad/s（弧度/秒）。

（19）Sine Wave（正弦波发生器模块）

该模块产生一个正弦波信号，在连续模型或者离散模型中都可以工作。振幅、频率和相位均可以设置。

（20）Step（阶跃信号模块）

该模块在指定时间产生一个可以定义上、下电平的阶跃信号。

（21）Uniform Random Number（均衡随机数字模块）

该模块产生在整个指定时间间隔内均匀分布的随机信号，信号的起始种子可以由用户指定。

## 5.1.2 Simulink 的其他工具箱模块组

除了基本的模块组以外，Simulink 还有许多其他工具箱模块组，包括 Aerospace Blockset、CDMA Reference Blockset、Communications Blockset、Control System Toolbox、Dials & Gauges Blockset、Fuzzy Logic Toolbox、Model Predictive Control Toolbox、Neural Network Blockset、RF Blockset、Signal Processing Blockset、SimMechanics、SimPowerSystems、Simulink Control Design、Simulink Parameter Estimation、Simulink Response Optimization、Virtual Reality 等。这些模块组或工具箱都是针对各领域的专用工具模块。

对于自动控制系统仿真，最常用的是以下几个：Control System Toolbox、Fuzzy Logic Toolbox、Model Predictive Control Toolbox、Neural Network Blockset、Signal Processing Blockset、SimMechanics、SimPowerSystems、Simulink Control Design、Simulink Parameter Estimation。其中多个模块组放在 Simscape 下拉菜单之中。

# 5.2 Simulink 建模与仿真

在上一节中，我们已经初步了解了 Simulink 的一些常用模块。本节将介绍如何用 Simulink 建立系统模型，即如何使用这些模块建立控制系统的仿真模型。

## 5.2.1 Simulink 建模方法

在 Simulink 环境中，建立和编辑模型的一般过程如下。

首先，在 MATLAB 主界面中单击"Simulink Library"图标，启动 Simulink Library Browser。在 Simulink 库浏览器窗口中，单击 ⬚▾ 图标（new modle），打开一个空白的编辑窗口，该窗口也称为模型窗口。未保存时，该窗口的文件名默认为"untitled. slx"，用户可以将其保存为自己希望的文件名，如 test1. slx 等。注意：Simulink8.6 模型文件的扩展名都是 slx，而之前版本 Simulink 模型文件的扩展名是 mdl。

在 Simulink Library Browser 的库中选择所需要的模块后，即可将模块拖拽到模型编辑窗口中。如图 5-11 所示，打开 Simulink 的输入源模块组（Sources），拖拽一个正弦波信号发生器模块（Sine Wave）到模型编辑窗口；再打开信号池模块组（Sinks），拖拽一个示波器

图 5-11　拖拽并连接模块

模块（Scope）到模型编辑窗口。按住鼠标左键，从 Sine Wave 模块的输出口拖到 Scope 模块的输入端口，将两个模块用连接线连接起来，并且以"test02. slx"的文件名将这个模型保存，这样就建立了一个 Simulink 模型。

## 5.2.2 仿真算法与控制参数选择

### 1. 参数设置

默认时，Simulink 的算法为变步长，仿真时间为：起始 0s，终止 10s。如图 5-12 所示。从菜单栏"Simulation"→"Model Configuration Parameters"中也可以打开这一界面，可根据

自己的要求，重新进行设置。

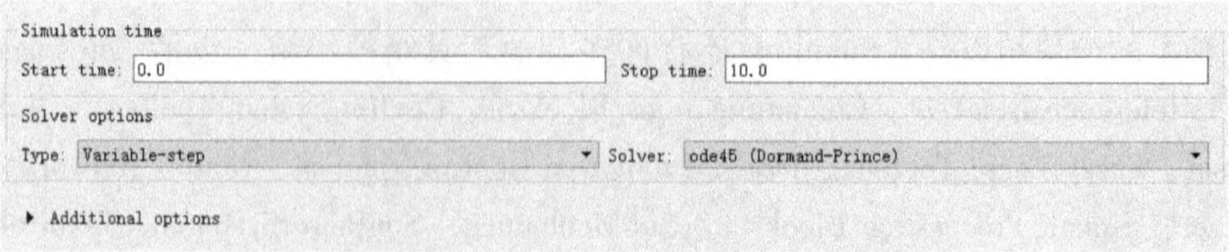

图 5-12　默认的 Simulink 仿真模型算法设置

（1）Solver（解题器）参数设置

Simulation time 选项组用于设置仿真时间。Solver options 选项组用于设置求解器选项，Type 选项中可以设置变步长（Variable-step）和固定步长（Fixed-step）。如果选择变步长，则在仿真过程中可以根据数据变化的快慢自动调节步长的大小，以满足所设置的允许误差要求。在右侧 Solver 的下拉列表框中有 8 种变步长的解题器：ode45（四/五阶龙格-库塔法）、ode23（二/三阶龙格-库塔法）、ode113（多步解题器）、ode15s（基于数字微分公式的解题器）、ode23s（单步解题器）、ode23t（梯形规则的一种自由插值实现）、ode23tb（二阶隐式龙格-库塔公式）和 discrete（离散解题器）。如果选择固定步长，则步长为所设定的时间间隔长度，固定步长的解题器有 6 种：ode5（五阶固定步长龙格-库塔法）、ode4（四阶固定步长龙格-库塔法）、ode3（三阶固定步长龙格-库塔法）、ode2（二阶固定步长龙格-库塔法）、ode1（固定步长欧拉法）和 discrete（离散解题器）。

（2）Data Import/Export（数据输入/输出）设置

Data Import/Export 设置界面如图 5-13 所示，可以根据需要设置处理数据的输入/输出参数。

图 5-13　Data Import/Export 设置界面

Load from workspace 选项组中，Input 文本框用于设置向量 [t,u]，其中 t 为时间，u 为与时间对应的输入数值；Initial state 文本框用于设置初始状态。

Save to workspace 选项组中，Time 文本框用于设置将 Time（通常是仿真输出曲线的时间坐标行向量）输出到 workspace 中的变量名，该变量名默认值为 tout，用户也可以自行命名；States 文本框用于设置将 States（状态向量）输出到 workspace 中的变量名，该变量名默认值为 xout，用户也可以自行命名；Output 文本框用于将 Output（通常是仿真输出曲线的行向量）输出到 workspace 中的变量名，该变量名默认值为 yout，用户也可以自行命名；Final states 文本框用于设置将 Final states（最终状态）输出到 workspace 中的变量名，该变量名默认值为 xFinal，用户也可以自行命名。

Save options 选项组用于设置保存选项。其中，Limit data points to last 选项用于设置保存数据的点数，默认值为 1000 点，用户可以根据自己的要求来改变这个值。通常，当计算机内存容量充分大时，可以把该选项前面复选框中的"√"去掉，以保存完整的仿真输出数据。

（3）Diagnostics（诊断）参数设置

Diagnostics 参数设置界面如图 5-14 所示，用于设置在程序执行过程中遇到某些情况时应该采取什么操作，有三种选项：none（不采取任何操作）、warning（产生报警信号）和 error（产生错误信号，停止执行）。

图 5-14　Diagnostics 参数设置界面

（4）Hardware Implementation（硬件实现）参数设置

Hardware Implementation 参数设置界面如图 5-15 所示，用于计算机控制系统模型（如嵌入式控制器）参数设置。用户可指定执行系统的硬件特征，同时使仿真能够探测到硬件错误。

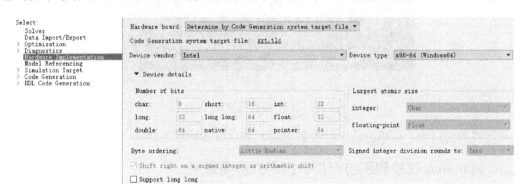

图 5-15　Hardware Implementation 参数设置界面

（5）Model Referencing（模型参考）设置

Model Referencing 设置界面如图 5-16 所示，用于设置模型参数，可以根据设置将其他模型用于该模型，或者将该模型用于其他模型。

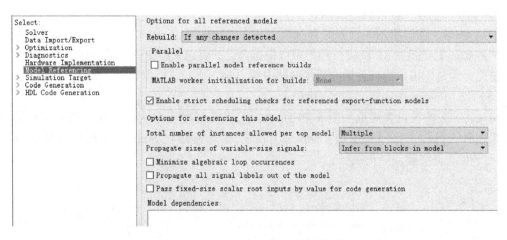

图 5-16　Model Referencing 设置界面

### 2. 运行模型

用户在选择好适当的算法且设置好仿真参数后，就可以运行 Simulink 仿真模型了。有两种方法可以启动仿真：选择"Simulation"→"Start"；单击"▶"图标。

仿真运行停止后，双击示波器模块，就会显示示波器窗口（见图 5-17）。

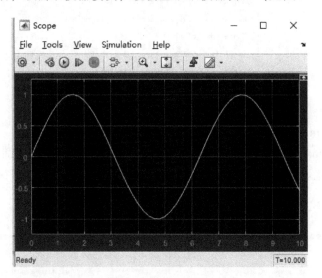

图 5-17　示波器窗口

在示波器窗口中，可以进行一些参数设置，如示波器的轴数等。

## 5.2.3　Simulink 在控制系统仿真研究中的应用举例

前面通过一个很简单的例子初步了解了 Simulink 的基本建模过程，下面将通过几个有代表性的例子来进一步说明建立 Simulink 仿真模型的一般方法。

【例 5-1】某一 SISO 系统的结构图如图 5-18 所示，试用 MATLAB 观测其单位阶跃条件下的响应曲线。

**解**　建立一个 Simulink 模型文件，并在其中构造图 5-19 所示的仿真模型。

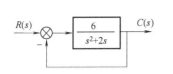

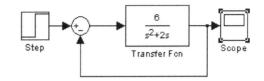

图 5-18　例 5-1 控制系统结构图　　　　　　　图 5-19　例 5-1 仿真模型

从 Sources 模块组中，拖出 Step 模块，Step 信号的默认起始时间为 1s；从 Sinks 模块组中，拖出 Scope 模块；从 Continuous 模块组中，拖出 Transfer Fcn 模块，双击这个模块，设置分子、分母多项式的系数；再从 Math Operations 模块组中，拖出 Sum 模块，双击这个模块，将默认的两个加号重新设置为一个加号一个减号。然后把这些模块连接起来构成仿真模型，并且保存。仿真运行结果如图 5-20 所示。

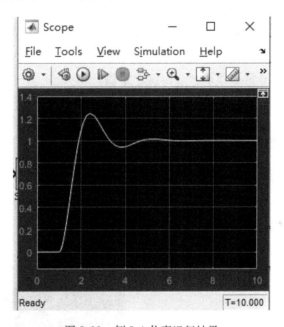

图 5-20　例 5-1 仿真运行结果

【例 5-2】 某一非线性控制系统结构图如图 5-21 所示，判断该系统是否有稳定的极限环，并且分析该系统的稳定性。

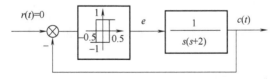

图 5-21　例 5-2 非线性控制系统结构图

**解**　根据题意，可以列写出以下方程：

$$\ddot{c} + 2\dot{c} = e = \begin{cases} 1 & (c < -0.5 \quad 或 \quad -0.5 < c < 0.5; \dot{c} > 0) \\ -1 & (c > 0.5 \quad 或 \quad -0.5 < c < 0.5; \dot{c} < 0) \end{cases}$$

建立绘制系统相轨迹的 Simulink 模型，如图 5-22 所示。

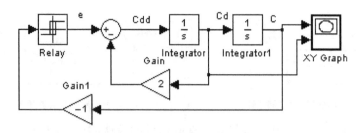

图 5-22　例 5-2 绘制相轨迹仿真模型

从 Continuous 模块组中，拖出 Integrator 模块，双击该模块设置初值（本例中不妨设置：$c(0) = -0.8$，$\dot{c}(0) = 0.8$）；从 Discontinuities 模块组中，拖出 Relay 模块，双击该模块设置参数；从 Sinks 模块组中，拖出 XY Graph 模块；从 Math Operations 模块组中，拖出 Gain 模块，双击该模块设置放大系数；再从 Math Operations 模块组中，拖出 Sum 模块，双击这个模块，将默认的两个加号重新设置为一个加号一个减号。然后把这些模块连接起来，构成仿真模型，并且保存。运行仿真模型就绘制出该非线性控制系统相轨迹（见图 5-23）。

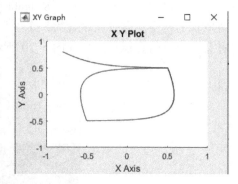

图 5-23　例 5-2 非线性系统相轨迹

从相轨迹可以看出，该非线性系统具有稳定的极限环。再建立另一种形式的系统仿真模型（见图 5-24a），并且得到仿真结果（见图 5-24b）。可以看出，极限环对应的等幅振荡的振幅大约为 0.6；周期大约为 6s。

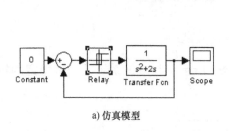

a) 仿真模型

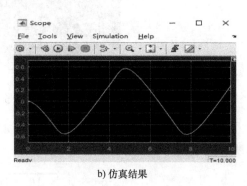

b) 仿真结果

图 5-24　例 5-2 另一种仿真模型和仿真结果

## 5.3　子系统与模块封装技术

前面学习了建立 Simulink 仿真模型的基本方法。随着系统复杂程度的增加，为了使模型更加简洁，更易于读懂，通常需要将系统分解成若干个具有独立功能的子系统。另外，用户也可以根据自己的需要将一些常用的子系统封装成一些模块，这些模块的用法也类似于标准的 Simulink 模块，并且还可以用自己开发的一系列模块构建自己的模块组。

## 5.3.1 子系统概念及其构成方法

### 1. 通过子系统模块创建子系统

在 Simulink 的 Commonly Used Blocks 模块组中，提供了子系统模块（Subsystem），可以通过该模块创建子系统。

首先，将子系统模块（Subsystem）拖到编辑窗口中，再从 Sources 模块组中拖入输入信号模块（In1），从 Sinks 模块组中拖入输出模块（Out1），并且将它们连接起来（见图 5-25）。

双击 Subsystem 模块，该子系统以另外一种窗口形式打开。默认时是一条直线，将该直线删除，在中间插入希望编辑的模型。例如，可以创建一个简单的三角函数方程 $y = A_m \sin x$ 的子系统，如图 5-26 所示。可以根据需要设置和修改模块参数，关闭子系统窗口并且将模型保存。

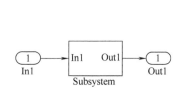

图 5-25 用 Subsystem 模块建立子系统        图 5-26 子系统连接框图

### 2. 通过压缩已有的模块建立子系统

这种方法比较简单，易于操作，它是将现有模型中的一部分压缩成子系统。以图 5-24a 中的模型为例，打开图 5-24a 所示模型，按住鼠标左键并且拖动鼠标，使矩形方框包括希望建立子系统的部分，松开左键，窗口中弹出选项，选择 Create Subsystem 图标（），就完成了建立子系统的过程，如图 5-27 所示。

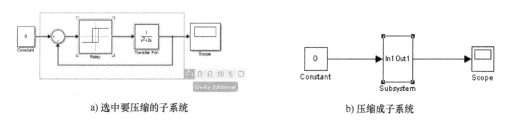

a) 选中要压缩的子系统                    b) 压缩成子系统

图 5-27 通过压缩已有的模块建立子系统

## 5.3.2 模块封装方法

可以将 Simulink 子系统封装成一个模块，并且可以像使用 Simulink 内部模块一样来使用它。这样就可以将子系统内部结构隐藏起来，使用它时，出现一个参数设置对话框来设置所需要的参数。

创建封装模块的主要步骤如下：

1）创建一个子系统。

2）右键单击该子系统模块，出现选项菜单，选择 "Mask"→"creat mask" 即可封装模块，这时系统弹出封装编辑对话框（见图 5-28）。

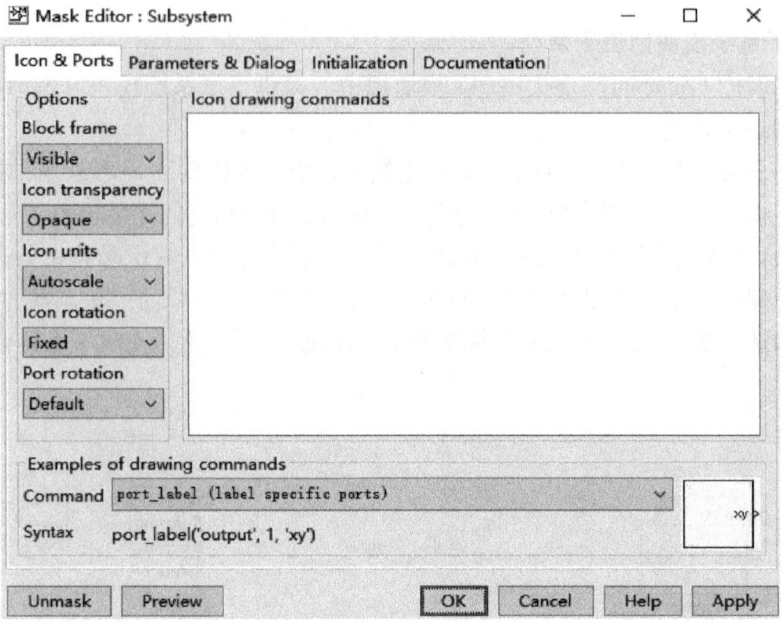

图 5-28　封装编辑对话框

3）使用封装编辑对话框设置封装文本、对话框和图标。

以简单的三角函数方程 $y = A_\mathrm{m}\sin x$ 的子系统为例，学习如何封装一个子系统。封装编辑对话框有以下 4 个选项卡：

（1）Icon & Ports（图标与端口）设置

Block Frame（模块边框）选项可以设置为 Visible（可见）和 Invisible（不可见）。前者为默认状态，通常 Simulink 模块都带有可见的边框。

Icon Transparency（图标透明度）选项可以设置为 Opaque（不透明）和 Transparent（透明）。前者为默认选项，模块端口的信息将被图标上的图形完全覆盖。如果想显示端口名称，应该选用 Transparent 选项。

Icon units（图标尺寸单位）属性有 3 种选项：Autoscale（自动确定大小，默认选项）、Pixels（像素点）和 Normalized（统一化）。Autoscale 选项使图标图形恰好充满整个模块。Pixels 选项会按照像素确定图标大小，当模块调整大小时，图标大小不改变。Normalized 选项会确定图标的比例。

Icon rotation（图标旋转）选项可以设置为 Fixed（固定）和 Rotates（旋转）。前者为默认状态，在模块旋转或翻转时，该模块的图标不转动。后者则在旋转或翻转模块时，该模块的图标也一同转动。

Port rotation（端口旋转）选项可以设置为 Default（默认的）和 Physical（物理的）。前者为默认状态。后者则可以根据实际的物理模型要求，旋转端口的方向。

图 5-28 下方的 Examples of drawing commands 选项组中有两个选择，Command 选项后面的下拉列表框中列出了绘制图标的几种方法，这时 Syntax 选项后面就出现对应于该绘制方法的句法（见图 5-29）。例如，我们希望将 C:\MATLAB\R2015b\bin 文件夹中的图片

001. jpg 作为图标，则在 Command 选项中选择 image，这时 Syntax 后面就显示了对应的句法。按照这种句法，在 Icon Drawing commands 窗口中输入命令：image（'001. jpg'），单击"Apply"或"OK"按钮，图标就设置完成了。

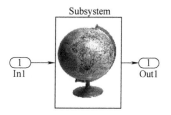

图 5-29　设置子模块图标

（2）Parameters & Dialog（参数与对话框）设置

图 5-30 所示为 Parameters & Dialog 选项卡界面，用于产生和修改封装子系统特征参数。

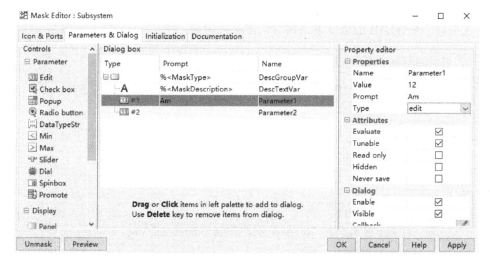

图 5-30　Parameters & Dialog 选项卡界面

该选项卡界面分为两个区：对话框参数区（Dialog parameters）和已选择参数选项区（Options for selected parameters）。对话框参数区用于选择和改变封装参数的主要性质。已选择参数选项区用于设置已选择参数的其他选项。

（3）Initialization（初始化）设置

图 5-31 所示为编辑器初始化选项卡界面，用户可以输入 MATLAB 命令来初始化封装系统。

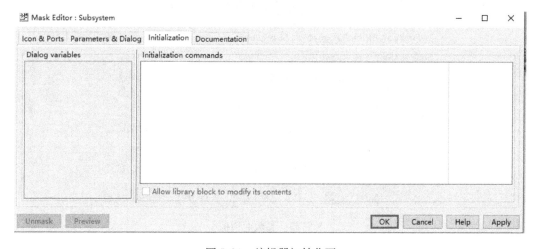

图 5-31　编辑器初始化页

初始化选项卡界面分为两个区：对话框变量区（Dialog variables）和初始化命令区（Initialization commands）。对话框变量区显示在参数与对话框选项卡界面中设置好的子系统封装参数。初始化命令区中可以输入 MATLAB 语句，如定义变量、初始化变量等。

（4）Documentation（文本）设置

如图 5-32 所示，编辑器文本选项卡界面分为 3 个区：封装类型区（Type）、封装描述区（Description）和封装帮助区（Help）。封装类型区中的内容将作为模块的类型显示在封装模块的对话框中。封装描述区中的内容包括描述该模块功能的简短语句，该区中的内容将显示在封装模块对话框的上部。封装帮助区的内容包括使用该模块的详细说明等，当选择对话框中 Help 选项时，MATLAB 的帮助系统将显示该区的内容。

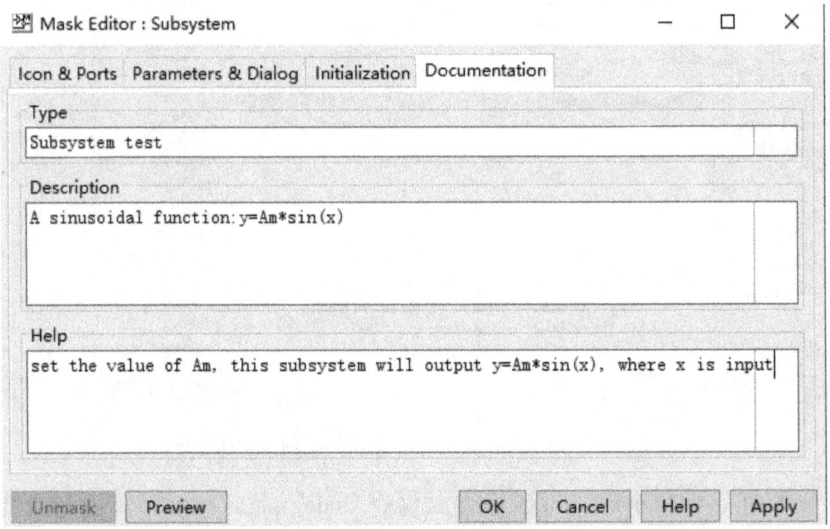

图 5-32  编辑器文本选项卡界面

以上封装参数设置好后，单击"OK"按钮，完成该子系统的封装。

当需要使用该子系统时，可以双击该子系统模块，出现参数对话框（见图 5-33），在该对话框中，可以设置参数。在本例中，不妨将正弦振幅设置为 12。

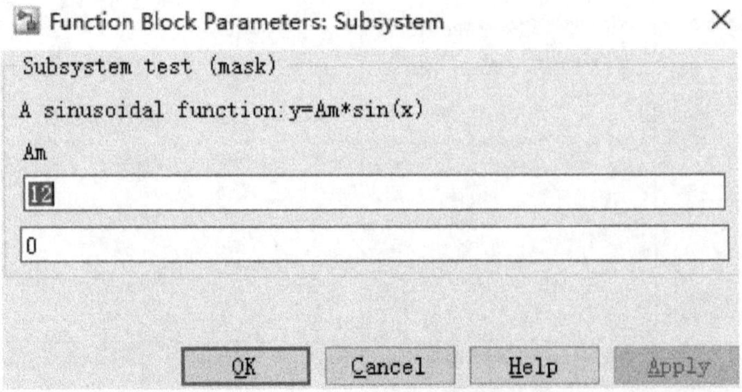

图 5-33  参数对话框

设置完子系统参数后，对一个包含该子系统的完整系统（见图 5-34a）进行仿真，得出仿真结果如图 5-34b 所示。

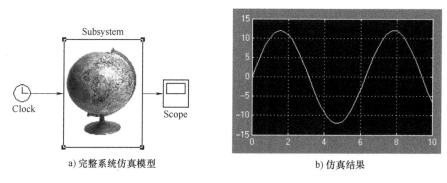

a) 完整系统仿真模型　　　　　　　　　　b) 仿真结果

图 5-34　完整系统仿真模型和仿真结果

对于一个已经封装的子系统，想要查看其封装前子系统的具体内容，可以右键单击该子系统，执行"Mask"→"Look Under Mask"命令。

如果对撤销已经封装完成的子系统的全部封装操作，只需要选中该模块，打开封装编辑器，单击"Unmask"按钮即可。

## 5.3.3　模块库构造

要构造一个模块库，在 Simulink 库浏览器的窗口（见图 5-35a）中选择"New Library"命令，打开一个空白的模块库窗口，如图 5-35b 所示。

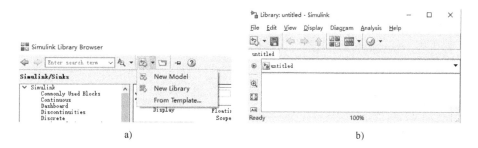

a)　　　　　　　　　　　　　　　　　b)

图 5-35　创建一个空白的模块库窗口

将需要的模块（用户创建的模块或 Simulink 本身的系统模块）复制到新的库中，然后给这个模块库命名（如 mylibrary. slx），并且保存，这样就创建了一个自己的模块库。当创建仿真模型需要用到该模块库中的模块时，首先打开该模块库，再将需要的模块拖拽到新的模型编辑窗口中即可。

# 本 章 小 结

本章介绍了与 MATLAB R2015b 相配套的 Simulink8. 6 的功能和用法。介绍了它各个模块组的模块以及各模块的作用。还阐述了使用 MATLAB/Simulink 进行计算机仿真的方法，包括仿真模型的构建、子系统封装等；并且通过一些实例，使读者更加容易地学会使用 Simulink 进行控制系统的仿真研究。

## 习　　题

5-1　某一单位负反馈控制系统，其开环传递函数为 $G(s) = \dfrac{1}{s(s+1)}$，它的输入信号为 $r(t) = 2 \times 1(t - 0.5)$，试使用 Simulink 构造其仿真模型，并且观察其响应曲线。

5-2　将题 5-1 中的闭环控制系统封装成一个子系统。

# ◉ 第6章

# 自动控制系统计算机辅助分析

自动控制系统的计算机辅助分析是以理论分析为依据，在已经建立的自动控制系统数学模型的基础上，通过编程实现对系统稳定性、动态和稳态性能进行分析的一门应用技术。MATLAB 以其方便灵活的编程、丰富的工具箱以及强大的计算和绘图功能，成为目前世界上最为流行的自动控制系统辅助分析软件之一。本章简要介绍系统分析基础理论，主要讲述利用 MATLAB 实现线性定常系统稳定性分析的方法，以及基于 MATLAB 的对自动控制系统动态性能进行分析的时域法、频域法和根轨迹法。此外，本章还介绍一种新型的基于计算机仿真的控制系统稳定性判据。

## 6.1 自动控制系统的稳定性分析

对于一个控制系统而言，其最重要的属性就是稳定性，一个不稳定的系统是无法工作的。1892 年，俄罗斯科学家 A. M. Lyapunov 在他的著作《运动系统稳定性的一般问题》中提出了严格的稳定性定义。经典控制理论中的稳定性定义是指大范围一致渐近稳定。

线性定常连续系统为稳定的充分必要条件是：所有闭环极点都位于复平面的左半部分（即实部为负）。线性定常离散系统为稳定的充分必要条件是：所有闭环极点都位于复平面上以坐标原点为圆心的单位圆内。因此，判断线性定常系统稳定性的最直接的方法就是求出系统全部的闭环极点，再根据闭环极点在复平面上的位置判断系统的稳定性。

### 6.1.1 求取特征方程的根

一个 $n$ 阶的线性定常系统，其系统特征方程是一个 $n$ 阶的代数方程，系统特征方程的根为系统的特征根。对于闭环而言，闭环系统的特征根就是闭环极点。早期，由于计算机技术还很落后，手工求解高阶代数方程采用的是试探法和长除法，求解高阶系统闭环极点是一件极其困难而且费时费力的工作。

为了判别闭环系统的稳定性，数学家劳斯和赫尔维茨分别提出了稳定性判据，其内容在形式上虽有不同，但本质相同，后人合并称之为劳斯-赫尔维茨判据。该判据的思路是：不必求出系统的闭环特征根，而是通过迂回的方法判别有没有特征根位于右半复平面，从而判别闭环系统是否稳定。该方法的优点在于避免了手工求解高阶代数方程根时的巨大工作量。

在计算机科学与技术高度发达的今天，求解高阶代数方程的根变得非常容易。MATLAB 提供了求取特征方程根的函数 roots( )，其调用格式为

$$V = \text{roots}(\boldsymbol{P})$$

式中，$\boldsymbol{P}$ 为特征多项式的系数向量；返回值 $\boldsymbol{V}$ 为特征根构成的列向量。

【例 6-1】 一线性定常系统闭环特征方程为 $s^5 + 6s^4 + 4s^3 + 15s^2 + 21s + 36 = 0$，试判断该系统的稳定性。

**解** 在 MATLAB 的命令行窗口中输入命令：

```
V=roots([1 6 4 15 21 36])
```

按〈Enter〉后，计算机立即就回答：

```
V =

   -5.6807
    0.7828 +1.5704i
    0.7828 -1.5704i
   -0.9425 +1.0817i
   -0.9425 -1.0817i
```

这 5 个复数就是该闭环系统的特征根。显然，有一对共轭复根 $0.7828 \pm j1.5704$ 位于右半复平面，所以该闭环系统不稳定。

从例 6-1 可以看出，使用 MATLAB 求解高阶代数方程只是举手之劳，而且能够准确地得出特征根的值，完全没有必要去计算劳斯表。

对于 $n$ 维状态方程描述的系统

$$\begin{cases} \dot{X} = AX + Bu \\ Y = CX + Du \end{cases} \tag{6-1}$$

若系统矩阵 $A$ 为 $n \times n$ 阶的方阵，则系统的特征多项式为

$$f(s) = |(sI - A)| = a_0 s^n + \cdots + a_{n-1}s + a_n$$

MATLAB 提供了求取矩阵特征多项式的函数 poly( )，其调用格式为

$$P = \text{poly}(A)$$

式中，返回值 $P$ 为 $n+1$ 维行向量，其各个分量对应矩阵特征多项式按降幂次序排列时的各项系数，即 $P = (a_0 \quad a_1 \quad \cdots \quad a_n)$。

MATLAB 还提供一个可以直接求取矩阵特征值的函数 eig( )，其调用格式为

$$D = \text{eig}(A)$$

式中，$D$ 为矩阵 $A$ 的特征值向量。

调用该函数时，也可以给出两个返回值：

$$(V, D) = \text{eig}(A)$$

式中，$V$ 为由与特征值相对应的特征向量构成的变换矩阵。

【例 6-2】 某线性控制系统的状态方程为 $\dot{X} = \begin{pmatrix} 0 & 1 & 0 \\ 0 & 0 & 1 \\ -6 & -11 & -6 \end{pmatrix} X + \begin{pmatrix} 0 \\ 0 \\ 1 \end{pmatrix} u$，试求出系统特征多项式以及特征值，并且做线性变换 $X = V\bar{X}$，要求变换后系统矩阵 $\bar{A}$ 为对角阵。

**解** 输入命令：

```
A=[0 1 0;0 0 1;-6 -11 -6]; P=poly(A)
```

计算机输出：

```
P =

        1.0000      6.0000      11.0000      6.0000
```

表示该系统的特征多项式为 $s^3 + 6s^2 + 11s + 6$

再输入命令：

```
A = [0  1  0;0  0  1;-6  -11  -6]; B = [0;0;1]; D1 = eig(A), [V,D] = eig(A)
```

则计算机输出：

```
D1 =            V =                                              D =

     -1.0000      -0.5774      0.2182     -0.1048        -1.0000          0           0
     -2.0000       0.5774     -0.4364      0.3145             0      -2.0000           0
     -3.0000      -0.5774      0.8729     -0.9435             0           0     -3.0000
```

即该系统的特征值为 $-1$、$-2$ 和 $-3$，并且 $V^{-1}AV = D$，即经过线性变换有

$$X = \begin{pmatrix} -0.5774 & 0.2182 & -0.1048 \\ 0.5774 & -0.4364 & 0.3145 \\ -0.5774 & 0.8729 & -0.9435 \end{pmatrix} \overline{X}$$

原系统方程变为

$$\dot{\overline{X}} = V^{-1}AV\overline{X} + V^{-1}Bu = \begin{pmatrix} -1 & 0 & 0 \\ 0 & -2 & 0 \\ 0 & 0 & -3 \end{pmatrix} \overline{X} + \begin{pmatrix} -0.866 \\ -4.5826 \\ -4.7696 \end{pmatrix} u$$

## 6.1.2  控制系统的能控性和能观性分析

在"现代控制理论"课程中：对于式（6-1）所描述的 $n$ 维线性定常系统，如果它的能控性矩阵 $\boldsymbol{Q}_C$ 为满秩，则该系统为状态完全能控，或称该系统是能控的；类似地，对于式（6-1）所描述的 $n$ 维线性定常系统，如果它的能观性矩阵 $\boldsymbol{Q}_0$ 为满秩，则该系统为状态完全能观，或称该系统是能观的。能控性矩阵 $\boldsymbol{Q}_C$ 和能观性矩阵 $\boldsymbol{Q}_0$ 的定义如下：

$$\boldsymbol{Q}_C = (\boldsymbol{B} \quad \boldsymbol{AB} \quad \cdots \quad \boldsymbol{A}^{n-1}\boldsymbol{B}) \qquad \boldsymbol{Q}_0 = \begin{pmatrix} \boldsymbol{C} \\ \boldsymbol{CA} \\ \vdots \\ \boldsymbol{CA}^{n-1} \end{pmatrix}$$

MATLAB 中有用于计算能控性矩阵的函数 ctrb()，其调用格式为 $\boldsymbol{Q}_C = \text{ctrb}(\boldsymbol{A},\boldsymbol{B})$；也有计算能观性矩阵的函数 obsv()，调用格式为 $\boldsymbol{Q}_0 = \text{obsv}(\boldsymbol{A},\boldsymbol{C})$；MATLAB 中还有计算矩阵秩的函数 rank。这些函数可以用来分析控制系统的能控性和能观性。

【例 6-3】分析下面的线性系统的能控性和能观性：

$$\dot{X} = \begin{pmatrix} 1 & 0 & -1 \\ -1 & -2 & 0 \\ 3 & 0 & 1 \end{pmatrix} X + \begin{pmatrix} 1 & 0 \\ 2 & 1 \\ 0 & 2 \end{pmatrix} u, Y = \begin{pmatrix} 1 & 0 & 0 \\ 0 & -1 & 0 \end{pmatrix} X$$

**解** 首先分别计算系统的能控性矩阵 $Q_C$ 和能观性矩阵 $Q_0$；然后，再用 rank( ) 函数计算这两个矩阵的秩。

输入以下语句：

```
A =[1  0  -1;-1  -2  0;3  0  1]; B =[1  0;2  1;0  2]; C =[1  0  0;0  -1  0];
QC = ctrb(A,B)
QO = obsv(A,C)
RC = rank(Q_c)
RO = rank(Q_0)
```

计算机执行结果为

```
QC =

    1   0    1   -2   -2   -4
    2   1   -5   -2    9    6
    0   2    3    2    6   -4


QO =

    1    0    0
    0   -1    0
    1    0   -1
    1    2    0
   -2    0   -2
   -1   -4   -1


RC =

    3


RO =

    3
```

从计算结果可以看出，系统能控性矩阵和能观性矩阵的秩都是 3，为满秩，因此该系统是能控的，也是能观的。

注意：当系统的模型用 "sys = ss(A,B,C,D)" 输入以后，即当系统模型用状态空间的形式表示时，也可以用 "QC = ctrb(sys), QO = obsv(sys)" 的形式求出该系统的能控性矩阵和能观性矩阵。

## 6.1.3  利用传递函数的极点判别系统稳定性

当控制系统的传递函数（或脉冲传递函数）以有理真分式形式给出时，MATLAB 提供的函数 tf2zp( )和 pzmap( ) 可以用来求取系统的极点和零点，进而实现对系统稳定性的判断。

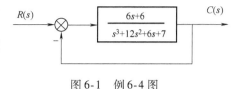

【例 6-4】已知某控制系统如图 6-1 所示，试求出闭环系统的极点，并且判断闭环系统的稳定性。

图 6-1 例 6-4 图

**解** 输入命令：

```
n=[6  6];d=[1  12  6  7];G=tf(n,d);GB=feedback(G,1)
```

计算机显示：

```
Transfer function:
        6s+6
   ----------------
   s^3+12s^2+12s+13
```

表示该系统的闭环传递函数为

$$G_B(s) = \frac{6s+6}{s^3+12s^2+12s+13}$$

再判断闭环极点，输入：

```
[Z,P,K]=tf2zp([6  6],[1  12  12  13])
```

计算机输出：

```
P =

 -11.0180                 Z =          K =

 -0.4910+0.9689i

 -0.4910-0.9689i                 -1          6
```

显然，3 个闭环极点全部位于左半复平面，因此闭环系统稳定。

## 6.1.4　利用李亚普诺夫第二法判别系统稳定性

对于非线性的自动控制系统，寻找李亚普诺夫函数的方法主要是经验法和试探法，而没有一个标准化的方法，在 MATLAB 中也没有相应的函数。

对于齐次线性定常连续系统 $\dot{X}=AX$，当 $A$ 为非奇异时，状态空间原点为系统唯一的平衡状态 $X_e=0$。如果该平衡状态是渐近稳定的，那么它一定是大范围一致渐近稳定的。根据李亚普诺夫稳定性理论，如果对任意给定的正定实对称矩阵 $Q$，存在一个正定的实对称矩阵 $P$ 满足下面的方程：

$$A^TP+PA=-Q \qquad (6-2)$$

则系统的平衡状态 $X_e=0$ 是渐近稳定的。正定的标量函数 $V(X)=X^TPX$ 就是系统的李亚普诺夫函数。通常为方便起见，常取 $Q$ 为单位矩阵。

MATLAB 提供了求解矩阵 $P$ 的函数 lyap( )，其调用格式为

$$P=\text{lyap}(A,Q)$$

【例6-5】 齐次线性定常系统方程为 $\dot{X} = \begin{pmatrix} 1 & 2 & 0 \\ -6 & -2 & 3 \\ -3 & -4 & 0 \end{pmatrix} X$，试判断系统的稳定性。

**解** 编写 MATLAB 程序如下：

```
A=[1 2 0;-6 -2 3;-3 -4 0];Q=eye(3);P=lyap(A,Q);
a1=P(1,1),a2=det(P(1:2,1:2)),a3=det(P)
```

计算机执行以后，输出：

```
a1 =           a2 =               a3 =

   1.1250        2.2578              6.8675
```

由于矩阵 $P$ 的各阶主子式的行列式都为正，$P$ 为正定，所以本系统为大范围一致渐近稳定。

对于齐次线性定常离散系统：

$$X(k+1) = GX(k) \tag{6-3}$$

其平衡状态在状态空间的原点 $X_e = 0$，该系统为渐近稳定的充要条件是：如果对任意给定的正定实对称矩阵 $Q$，存在一个正定的实对称矩阵 $P$ 满足下面的方程：

$$G^T PG - P = -Q \tag{6-4}$$

则系统的平衡状态 $X_e = 0$ 是渐近稳定的。正定函数 $V[X(k)] = X^T(k)PX(k)$ 就是系统的李亚普诺夫函数。通常为方便起见，常取 $Q$ 为单位矩阵。

MATLAB 提供了求解矩阵 $P$ 的函数 dlyap( )，判别平衡状态稳定性时，只需要编程，对于任意给定的正定对称矩阵 $Q$，判别所求出的 $P$ 是否为正定的。如果 $P$ 不是正定的，则该离散系统就是不稳定的。

# 6.2 控制系统时域分析

## 6.2.1 时域分析的一般方法

在分析和设计自动控制系统时，通常选用一些典型的输入信号，观察系统对这些输入信号的响应，并作为对各种控制系统性能指标进行评价的基础。工程设计中常用的典型输入信号有阶跃信号、斜坡信号、加速度信号、尖脉冲信号和正弦信号等。利用这些简单的时间输入信号，可以很容易地对控制系统进行理论和实验上的分析。

在零初始条件下，控制系统的时间响应由两部分组成：暂态响应和稳态响应。因此，对于稳定的控制系统来说，其时域特性可以由暂态响应和稳态响应的性能指标来表示。最为常见的是用控制系统单位阶跃响应的特征来定义系统的动态时域性能指标，主要有上升时间 $t_r$、峰值时间 $t_p$、超调量 $\sigma_p \%$ 和调节时间 $t_s$ 等。

（1）上升时间 $t_r$

在欠阻尼的情况下，$t_r$ 定义为系统单位阶跃响应第一次到达稳态值的时间；在过阻尼和临界阻尼的情况下，$t_r$ 定义为系统单位阶跃响应从稳态值的 10% 到达 90% 的时间。

（2）峰值时间 $t_p$

单位阶跃响应曲线到达第一个峰值的时间。在过阻尼和临界阻尼的情况下不存在峰值，因此没有峰值时间。

（3）超调量 $\sigma_p\%$

系统阶跃响应曲线的最大值 $y(t_p)$ 和稳态值 $y(\infty)$ 之差与稳态值 $y(\infty)$ 的比值（用百分数表示），定义为超调量，即

$$\sigma_p\% = \frac{y(t_p) - y(\infty)}{y(\infty)} \times 100\% \tag{6-5}$$

在过阻尼和临界阻尼的情况下，没有超调量。

（4）调节时间 $t_s$

系统的单位阶跃响应曲线衰减到 $\pm 5\%$ 或者 $\pm 2\%$ 误差带内且不再超出误差带的时间，称为调节时间。

需要指出：以上系统动态性能指标定义的前提是系统为稳定的。

控制系统的稳态性能指标通常用系统的稳态误差来表示。对于单位负反馈控制系统而言，误差定义为

$$e(t) = r(t) - c(t) \tag{6-6}$$

稳态误差是指稳定系统在外作用下，经历过渡过程之后进入稳态时的误差，即

$$e_{ss} = \lim_{t \to \infty} e(t) \tag{6-7}$$

## 6.2.2　常用时域分析函数

在 MATLAB 中，常用的时域分析函数主要有以下几种：

1）step()：绘制连续系统的单位阶跃响应曲线。

2）dstep()：绘制离散系统的单位阶跃响应曲线。

3）impulse()：绘制连续系统的单位脉冲响应曲线。

4）dimpulse()：绘制离散系统的单位脉冲响应曲线。

5）lsim()：绘制连续系统的任意输入响应曲线。

6）dlsim()：绘制离散系统的任意输入响应曲线。

【例 6-6】已知控制系统闭环传递函数为 $\Phi(s) = \dfrac{2s+3}{s^3 + 6s^2 + 7s + 5}$，试用 MATLAB 绘制其单位阶跃响应曲线。

**解**　输入命令：

```
sys = tf([2  3],[1  6  7  5]);step(sys)
```

计算机即可绘制出该系统的单位阶跃响应曲线，如图 6-2a 所示，再输入命令：

```
impulse(sys)
```

计算机即可绘制出该系统的单位脉冲响应曲线，如图 6-2b 所示。

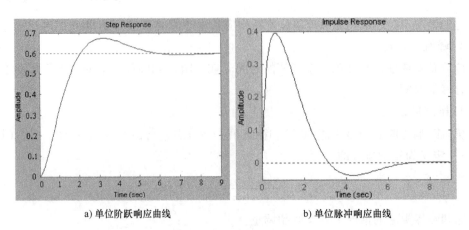

a) 单位阶跃响应曲线　　　　　　b) 单位脉冲响应曲线

图 6-2　例 6-6 单位阶跃响应和单位脉冲响应曲线

**【例 6-7】** 已知二阶闭环控制系统结构图如图 6-3 所示，试在 4 个子图中绘出当无阻尼自然振荡频率 $\omega_n = 2\text{rad/s}$，阻尼比 $\zeta$ 分别为 0.2、0.7、1.0 和 2.5 时，系统的单位阶跃响应曲线。

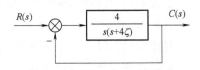

图 6-3　例 6-7 二阶闭环系统结构图

**解**　建立一个 M 文件，命名为 "step4re. m"：

```
num = 4;
den1 = [1  0.8  4];den2 = [1  2.8  4];den3 = [1  4  4];den4 = [1  10  4];
sys1 = tf(num,den1);sys2 = tf(num,den2);sys3 = tf(num,den3);sys4 = tf(num,
den4);
subplot(2,2,1),step(sys1),subplot(2,2,2),step(sys2)
subplot(2,2,3),step(sys3),subplot(2,2,4),step(sys4)
```

将该 M 文件保存到 work 文件夹中，然后在命令行窗口中输入 "step4re"，按〈Enter〉回车键，计算机就分别在 4 个子图中绘出 4 个单位阶跃响应曲线（见图 6-4）。

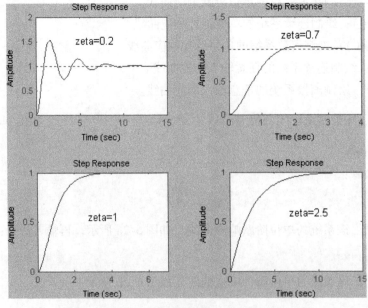

图 6-4　例 6-7 二阶闭环系统单位阶跃响应曲线

## 6.2.3　时域分析应用实例

本节以一个单级倒立摆控制系统为例，具体介绍如何使用时域分析法来设计一个控制系统。

图 6-5 所示的是一个单级倒立摆，图 6-6 所示为单级倒立摆的受力分析。摆杆长度为 $L$，质量为 $m$ 的单级倒立摆（摆杆的质心在杆的中心处），小车的质量为 $M$。在水平方向施加控制力 $u$，相对参考系产生位移为 $y$。为了简化问题并且保其实质不变，忽略执行电动机的惯性以及摆轴、轮轴、轮与接触面之间的摩擦力及风力。若不给小车施加控制力，则倒立摆会向左或向右倾斜，显然，倒立摆是一个自然不稳定的系统。首先

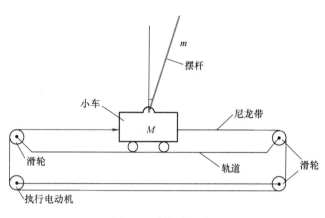

图 6-5　单级倒立摆

建立倒立摆的数学模型，然后设计一个状态反馈控制器对该倒立摆进行控制，使倒立摆能够保持稳定，即当倒立摆出现偏角 $\theta$ 后，能通过小车的水平运动使倒立摆保持在铅垂位置（即保持偏角 $\theta = 0°$）。

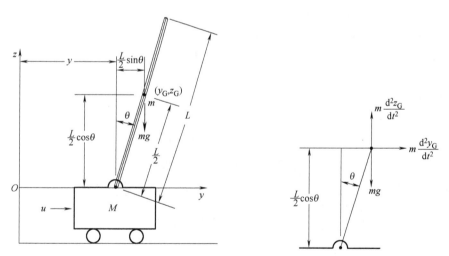

图 6-6　单级倒立摆的受力分析

摆杆质心坐标为

$$y_G = y + \frac{L}{2}\sin\theta, \qquad z_G = \frac{L}{2}\cos\theta \tag{6-8}$$

在 $y$ 轴方向上应用牛顿第二定律得以下方程：

$$M\frac{d^2}{dt^2}y + m\frac{d^2}{dt^2}\left(y + \frac{L}{2}\sin\theta\right) = u \tag{6-9}$$

而 $\qquad \dfrac{\mathrm{d}}{\mathrm{d}t}\sin\theta = \dot\theta\cos\theta, \qquad \dfrac{\mathrm{d}^2}{\mathrm{d}t^2}\sin\theta = \ddot\theta\cos\theta - \dot\theta^2\sin\theta$

$$\dfrac{d}{\mathrm{d}t}\cos\theta = -\dot\theta\sin\theta, \qquad \dfrac{\mathrm{d}^2}{\mathrm{d}t^2}\cos\theta = -\dot\theta^2\cos\theta - \ddot\theta\sin\theta$$

代入式（6-9），并且化简为

$$(M+m)\ddot{y} - m(L/2)\dot\theta^2\sin\theta + m(L/2)\ddot\theta\cos\theta = u \tag{6-10}$$

在转动方向上，其转矩平衡方程为

$$m\dfrac{\mathrm{d}^2 y_{\mathrm{G}}}{\mathrm{d}t^2}\left(\dfrac{L}{2}\cos\theta\right) - m\dfrac{\mathrm{d}^2 z_{\mathrm{G}}}{\mathrm{d}t^2}\left(\dfrac{L}{2}\sin\theta\right) = mg\left(\dfrac{L}{2}\sin\theta\right) \tag{6-11}$$

或

$$\left[m\dfrac{\mathrm{d}^2}{\mathrm{d}t^2}\left(y+\dfrac{L}{2}\sin\theta\right)\right]\left(\dfrac{L}{2}\cos\theta\right) - \left[m\dfrac{\mathrm{d}^2}{\mathrm{d}t^2}\left(\dfrac{L}{2}\cos\theta\right)\right]\left(\dfrac{L}{2}\sin\theta\right) = mg\left(\dfrac{L}{2}\sin\theta\right) \tag{6-12}$$

化简后得

$$m\ddot{y}\cos\theta + m(L/2)\ddot\theta = mg\sin\theta \tag{6-13}$$

当 $|\theta|$ 和 $|\dot\theta|$ 较小时，有 $\sin\theta\approx\theta$、$\cos\theta\approx1$、$\theta\cdot\dot\theta\approx0$，联立式（6-11）和式（6-14）并且将它们线性化，得

$$(M+m)\ddot{y} + \dfrac{mL}{2}\ddot\theta = u \tag{6-14}$$

$$m\ddot{y} + \dfrac{mL}{2}\ddot\theta = mg\theta \tag{6-15}$$

为不失一般性，选取倒立摆的参数如下：

1）摆杆长度 $L=1.2\mathrm{m}$，则 $L/2=0.6\mathrm{m}$。

2）摆杆质量线密度为 $0.1\mathrm{kg/m}$，则 $m=1.2\times0.1\mathrm{kg}=0.12\mathrm{kg}$。

3）小车质量 $M=1\mathrm{kg}$。

4）重力加速度常数 $g=9.8\mathrm{m/s}^2$。

代入式（6-14）和式（6-15），有

$$1.12\ddot{y} + 0.072\ddot\theta = u \tag{6-16}$$

$$0.12\ddot{y} + 0.072\ddot\theta = 1.176\theta \tag{6-17}$$

选取状态变量 $x_1=y$、$x_2=\dot{y}$、$x_3=\theta$、$x_4=\dot\theta$，则系统的状态空间表达式为

$$\begin{pmatrix}\dot{x}_1 \\ \dot{x}_2 \\ \dot{x}_3 \\ \dot{x}_4\end{pmatrix} = \begin{pmatrix} 0 & 1 & 0 & 0 \\ 0 & 0 & -1.176 & 0 \\ 0 & 0 & 0 & 1 \\ 0 & 0 & 18.293 & 0 \end{pmatrix}\begin{pmatrix}x_1 \\ x_2 \\ x_3 \\ x_4\end{pmatrix} + \begin{pmatrix} 0 \\ 1 \\ 0 \\ -1.667 \end{pmatrix}u \tag{6-18}$$

输出方程为

$$\begin{pmatrix} y \\ \theta \end{pmatrix} = \begin{pmatrix} x_1 \\ x_3 \end{pmatrix} = \begin{pmatrix} 1 & 0 & 0 & 0 \\ 0 & 0 & 1 & 0 \end{pmatrix}\begin{pmatrix} x_1 \\ x_2 \\ x_3 \\ x_4 \end{pmatrix} \tag{6-19}$$

输入以下命令，求出系统矩阵的特征值，根据系统矩阵特征值是否都位于左半复平面，判断开环系统的稳定性：

```
A = [0 1 0 0;0 0 -1.176 0;0 0 0 1;0 0 18.293 0];X = eig(A)
```

计算机返回值为

```
X =

        0
        0
   4.2770
  -4.2770
```

可见，有一个特征值位于右半复平面，开环系统不稳定。这与通过观察得到的直观印象是一致的。如果不对倒立摆进行控制，其竖直位置是一个不稳定的平衡点。

输入以下命令，判断系统的能控性：

```
A = [0 1 0 0;0 0 -1.176 0;0 0 0 1;0 0 18.293 0];
B = [0;1;0;-1.667];C = [1 0 0 0;0 0 1 0];
r = rank(ctrb(A,B))
```

计算机返回 "r = 4"，表示系统能控。则可以通过状态反馈配置系统极点，使系统稳定并且具有所期望的动态性能。例如，我们希望通过状态反馈，将系统极点配置为 $-6$、$-5$、$-2 \pm j$。则使用命令 place( ) 可以求出状态反馈矩阵 $K$：

```
A = [0 1 0 0;0 0 -1.176 0;0 0 0 1;0 0 18.293 0];B = [0;1;0;-1.667];
P = [-6,-5,-2+i,-2-i];K = place(A,B,P)
```

计算机返回得出状态反馈矩阵 $K$：

```
K =
     -9.1841    -10.7148    -63.8735    -15.4258
```

在 MATLAB/Simulink 环境中建立该状态反馈控制系统的仿真模型，如图 6-7 所示。

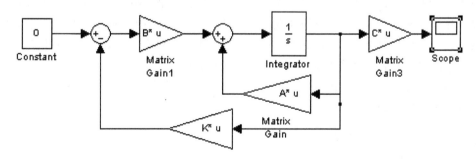

图 6-7　倒立摆状态反馈控制系统仿真模型

在积分器中设置非零初始值，运行仿真模型后，其输出曲线如图 6-8 所示。从仿真曲线可以看出，经过状态反馈，系统稳定。

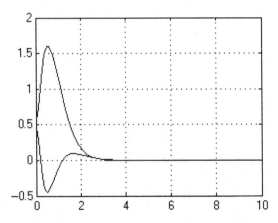

图 6-8　倒立摆状态反馈控制系统仿真输出曲线

## 6.3　控制系统频域分析

频域分析法是用系统的频率特性研究线性系统稳定性和动态性能指标的一种经典方法。稳定的线性定常系统，在正弦输入信号作用下，其输出的稳态分量是与输入同频率的正弦函数，但是正弦输出信号的振幅和相位与输入信号是不同的。

进入稳态以后，正弦输出信号的振幅和正弦输入信号振幅之比 $A(\omega) = A_C(\omega)/A_R(\omega)$，称为幅频特性；而正弦输出信号的相位和正弦输入信号的相位之差 $\varphi(\omega) = \varphi_C(\omega) - \varphi_R(\omega)$，称为相频特性。可以证明，线性定常系统的传递函数 $G(s)$，如果令 $s = j\omega$，得到系统的频率传递函数 $G(j\omega)$，则其幅值函数即为幅频特性，相位函数即为相频特性，即 $G(j\omega) = A(\omega)e^{j\varphi(\omega)}$。

### 6.3.1　频域分析的一般方法

使用频率特性分析系统的方法主要有三种：奈氏曲线（Nyquist 曲线）、伯德图（Bode 图）和尼柯尔斯图（Nichols 图）。由于尼柯尔斯图比较麻烦且作用不大，故并不常用。

在频域分析法中，判别闭环系统稳定性的最基本定理是 Nyquist 判据。对于开环稳定系统来说，开环传递函数 $G(s)H(s)$ 的极点全部位于左半复平面内，则闭环系统为稳定的充分必要条件是：开环频率特性 $G(j\omega)H(j\omega)$ 的奈氏曲线不包围 $(-1, j0)$ 点。在半对数坐标纸上，分别绘制对数幅频特性和相频特性，就称为伯德图。

MATLAB 中提供了 nyquist( )、bode( ) 和 margin( ) 等命令，使用户可以非常方便地使用频率特性来分析系统。

### 6.3.2　频域分析应用实例

在 MATLAB 编程语言中，绘制奈氏曲线的命令是 nyquist，其调用格式为

nyquist( sys )或 nyquist( sys, W ) 或 nyquist( sys, {WMIN, WMAX} )

使用第一种格式，绘制奈氏曲线的频率范围由计算机自动给出；而第二种格式绘制奈氏曲线的频率范围由用户规定；第三种格式则规定了绘制奈氏曲线的频率范围的最小值和最

大值。

类似地，绘制伯德图的命令是 bode( )，其调用格式为

$$\text{bode(sys) 或 bode(sys,W) 或 bode(sys,\{WMIN, WMAX\})}$$

使用第一种格式，绘制伯德图的频率范围由计算机自动给出；而第二种格式绘伯德图的频率范围由用户规定；第三种格式则规定了绘制伯德图的频率范围的最小值和最大值。

【例6-8】 已知单位负反馈线性定常系统的开环传递函数为 $G(s) = \dfrac{30s + 60}{s^3 + 7s^2 + 8s + 10}$，试绘制其奈氏曲线，并且判断闭环系统是否稳定。

**解** 首先判断开环系统是否稳定。输入命令：

```
roots([1  7  8  10])
```

计算机返回：

```
ans =

 -5.9361
 -0.5319 +1.1839i
 -0.5319 -1.1839i
```

可见，开环系统稳定。再输入命令：

```
sys = tf([30  60],[1  7  8  10]);nyquist(sys)
```

计算机绘制出奈氏曲线，如图6-9所示。

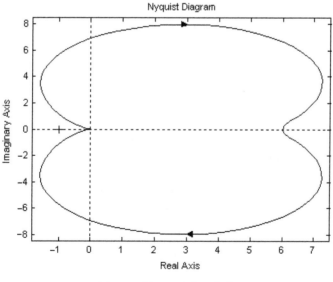

图6-9  例6-8的奈氏曲线

根据 Nyquist 稳定性判据，由于奈氏曲线不包围(-1,j0)点，所以闭环系统为稳定。

MATLAB 编程语言还提供了计算幅值裕度和相位裕度的命令 margin( )，其基本格式为

$$[\text{Gm,Pm,Wcg,Wcp}] = \text{margin(SYS)}$$

计算机将返回幅值裕度 Gm 和相位裕度 Pm，以及穿越 0dB 线时的角频率 Wcg 和穿越负

180°时的穿越频率 Wcp。

【**例6-9**】已知某线性定常系统的开环传递函数为 $G(s) = \dfrac{2}{s(0.5s+1)(0.2s+1)}$，试绘制其奈氏曲线、伯德图，并且判断闭环系统是否稳定。如果闭环系统稳定，求出其幅值裕度和相位裕度。

**解** 在命令行窗口中输入命令：

```
G=tf([20],[1 7 10 0])
```

计算机返回：

```
Transfer function:
      20
-----------------
s^3 +7s^2 +10s
```

再输入命令：

```
nyquist(G)
```

计算机即绘制出图6-10所示的奈氏曲线。从图中可以看出，奈氏曲线并没有包围(-1,j0)点，因此可以判断闭环系统是稳定的。

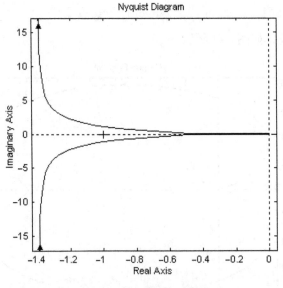

图6-10 例6-9的奈氏曲线

输入命令：

```
bode(G),grid
```

计算机即绘制出图6-11所示的系统伯德图。

如果输入命令：

```
margin(G)
```

则计算机不仅绘制出伯德图，并且还计算出幅值裕度（Gain Margin）为 Gm = 10.881dB，相位裕度（Phase Margin）为 Pm = 35.787°，如图 6-12 所示。

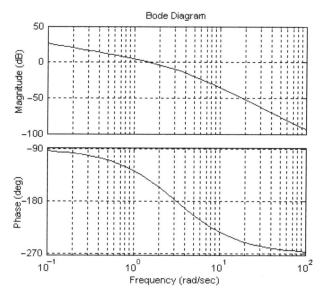

图 6-11　例 6-9 的伯德图

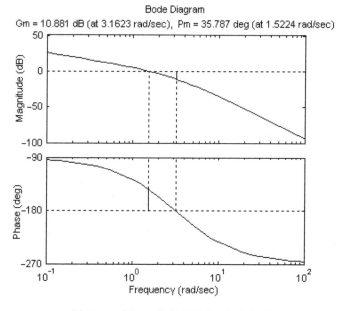

图 6-12　例 6-9 的幅值裕度和相位裕度

在绘制奈氏图和伯德图时，当未指定频率范围时，计算机会自动选择穿越频率附近的几个十倍频程范围。如果输入命令：

```
w = logspace ( - 3,4,1000) ;bode(G,w)
```

则表示在 $10^{-3} \sim 10^{4}$ rad/sec 频率范围内的 1000 个频率点上绘制伯德图（见图 6-13）。

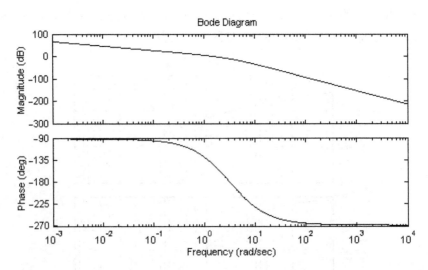

图 6-13　例 6-9 在 $10^{-3} \sim 10^4 \mathrm{rad/sec}$ 频率范围的伯德图

【**例 6-10**】已知系统开环传递函数为 $G(s) = \dfrac{1}{s(s+1)(s^2+2s+2)}$，绘制 Nichols 图。

**解**　输入命令：

```
num =1;den = conv([1  1  0],[1  2  2]);
nichols(num,den),grid
```

计算机绘制出图 6-14 所示 Nichols 图。

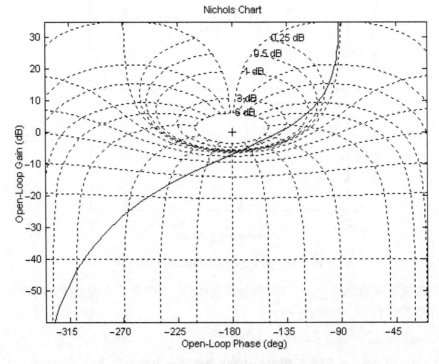

图 6-14　例 6-10 的 Nichols 图

## 6.4 根轨迹分析方法

在经典控制理论中，传递函数是最重要的数学模型。闭环系统的稳定性取决于闭环极点在复平面中的位置，如果全部闭环极点都位于左半复平面，则系统稳定；如果有一个或一个以上闭环极点位于右半复平面，则闭环系统不稳定。而稳定系统的动态性能取决于它的极点在左半复平面中的位置。控制系统的根轨迹分析方法就是利用系统的某个参数（通常是开环增益 $K$）从零变化到无穷大时，闭环系统特征根所留下的轨迹（即根轨迹）来分析系统性能以及参数变化对系统性能的影响。还可以根据对闭环系统动态和稳态特性的要求确定可变参数或者加入控制器，以调整闭环极点的位置。因此，在分析和设计自动控制系统时，根轨迹是一种非常实用的工程方法。

### 6.4.1 幅值条件和相角条件

广义根轨迹是指当开环某一参数从零变化到无穷大时，闭环系统在复平面上变化的轨迹。设系统的开环传递函数为 $G(s)H(s)$，表示成以下零极点形式：

$$G(s)H(s) = \frac{K^* \prod_{i=1}^{m} (s - z_i)}{\prod_{i=1}^{n} (s - p_i)} \tag{6-20}$$

式中，$K^*$ 为系统的开环根轨迹增益。

系统的开环根轨迹增益 $K^*$ 与系统的开环增益 $K$ 之间的关系为

$$K = K^* \frac{\prod_{i=1}^{m} (-z_i)}{\prod_{i=1}^{n} (-p_i)} \tag{6-21}$$

具有负反馈的闭环系统特征方程为

$$1 + \frac{K^* \prod_{i=1}^{m} (s - z_i)}{\prod_{i=1}^{n} (s - p_i)} = 0 \tag{6-22}$$

或

$$\frac{K^* \prod_{i=1}^{m} (s - z_i)}{\prod_{i=1}^{n} (s - p_i)} = -1 \tag{6-23}$$

控制系统的特征方程就是系统的根轨迹方程。根轨迹方程是一个复数方程，对应地可以用两个实数方程来表示，即幅值条件方程：

$$K^* \frac{\prod_{i=1}^{m} |s - z_i|}{\prod_{i=1}^{n} |s - p_i|} = 1 \tag{6-24}$$

和相角条件方程

$$\sum_{i=1}^{m} \angle (s + z_i) - \sum_{j=1}^{n} \angle (s + p_j) = \pm (2k + 1)\pi \quad k = 0,1,2,\cdots \quad (6\text{-}25)$$

复平面上满足相角条件的所有 $s$ 点的集合就是系统的根轨迹。当 $K^*$ 被确定为某一数值时，根据幅值条件就可以确定闭环极点的位置。

### 6.4.2 绘制根轨迹的常用函数及其应用实例

在学习经典控制理论时，手工可以比较粗略地绘制根轨迹图。而 MATLAB 提供了绘制根轨迹的函数，可以非常方便地绘制出系统的根轨迹。下面通过几个例子来讲解它们是如何使用的。

在 MATLAB 编程语言中，有绘制根轨迹的命令 rlocus( )，其调用格式为

$$\text{rlocus}(\text{sys}) \quad \text{和} \quad \text{rlocus}(\text{sys}, T)$$

或

$$\text{rlocus}(\text{num}, \text{den}, T) \quad \text{和} \quad \text{rlocus}(\text{num}, \text{den}, T)$$

执行该命令后，根轨迹图会自动生成。如果给定参数 $T$，则绘制当 $T$ 从零变化到无穷大时的广义根轨迹。

【例 6-11】 已知系统开环传递函数为 $G(s) = \dfrac{K^*(s+1)}{s^2 + s + 1}$，绘制系统的根轨迹。

**解** 在 MATLAB 命令行窗口中键入命令：

```
sys=tf([1 1],[1 1 1]);rlocus(sys)
```

或

```
rlocus([1 1],[1 1 1])
```

都可得到系统根轨迹，如图 6-15 所示。

当要确定根轨迹上某一点处的系统根轨迹增益 $K^*$ 时，MATLAB 中提供了 rlocfind( ) 命令来实现这个功能。先执行命令 "rlocus(num, den)"，得到根轨迹后，再执行命令 "[K, poles] = rlocfind(num, den)"。执行该命令后，将在图形窗口中生成一个十字形光标，用鼠标将它移动到所期望的闭环极点位置，然后单击鼠标左键，即可得到相应的闭环极点位置值及其对应的根轨迹增益 $K^*$。需要指出：由于是手工移动鼠标，不可能很精确，所以每次选择的点都不可能完全相同。

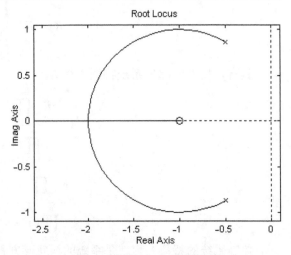

图 6-15 例 6-11 的根轨迹图

【例 6-12】 已知系统开环传递函数为 $G(s)H(s) = \dfrac{K^*(s+3)}{s(s+5)(s^2 + 6s + 10)}$，绘制系统根轨迹，并求出闭环系统临界稳定时的根轨迹增益值。

**解** 在 MATLAB 命令行窗口中键入命令：

```
num =[1  3];den = conv([1  5  0],[1  6  10]);rlocus(num,den)
```

计算机绘制出系统根轨迹，如图 6-16 所示。

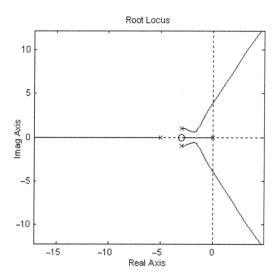

图 6-16 例 6-12 的根轨迹图 1

再输入命令：

```
[K,poles] = rlocfind(num,den)
```

在图形窗口出现十字光标（见图 6-17a）。因为闭环系统为临界稳定，所以选择闭环极点在虚轴上，单击鼠标左键，就确定了闭环极点（见图 6-17b）。

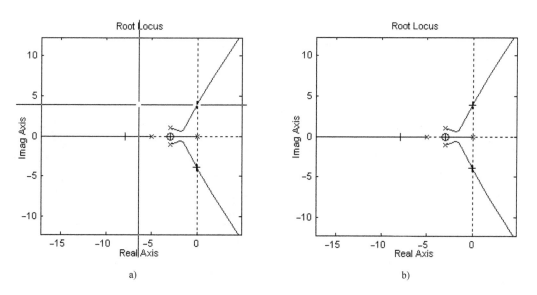

a)                                                b)

图 6-17 例 6-12 的根轨迹图 2

同时，在命令行窗口，计算机给出了相应的数值：

```
selected_point =

    -0.0497 +4.0394i    P =

                         -8.0350
   K =                   -0.0062 +4.0174i
                         -0.0062 -4.0174i
   127.6296              -2.9525
```

如果在图形窗口中单击鼠标右键，并且选择 grid，则在根轨迹图上出现极坐标栅格，这些栅格标出阻尼比和自然振荡频率。

【例 6-13】 已知系统开环传递函数为 $G(s)H(s) = \dfrac{K^*(s+6)}{(s+8)(s+5)(s^2+6s+10)}$，绘制系统根轨迹，并且确定阻尼比 $\zeta = 0.5$ 时，闭环极点的位置及相应的根轨迹增益。

**解** 在 MATLAB 命令行窗口中键入命令：

```
num =[1  6];den =conv(conv([1  8],[1  5]),[1  6  10]);sys =tf(num,den);rlo-
cus(sys)
```

计算机绘制出系统根轨迹，在图形窗口中单击鼠标右键，并且选择 grid，在根轨迹图上出现极坐标栅格（见图 5-18a）后，再输入：

```
[K,P] =rlocfind(sys)
```

在图形窗口出现十字形光标，在表示阻尼比为 0.46 的那根射线附近略微偏下处单击鼠标左键（见图 6-18b）。

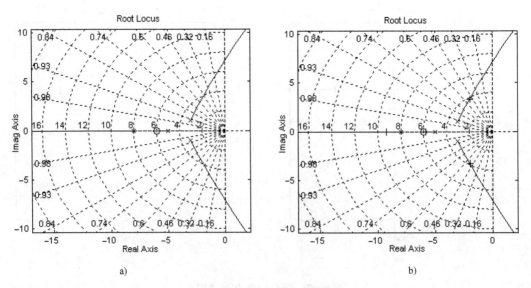

图 6-18　例 6-13 的根轨迹图

在命令窗口中，计算机返回以下信息：

```
selected_point =

    -1.9484 +3.2984i              P =
                                      -9.2620
                                      -5.7740
    K =                               -1.9820 +3.3151i
       66.3028                        -1.9820 -3.3151i
```

这表明当系统的根轨迹增益 $K^* = 66.3$ 时，系统闭环极点位置为 $-9.262$、$-5.774$、$-1.982 \pm j3.315$。（注意：由于是手工移动鼠标，不可能很精确，每次选择的点都不可能完全相同，所以结果也不完全相同）

【例6-14】已知系统开环传递函数为 $G(s)H(s) = \dfrac{K^*(s+6)}{s(s+5)(s^2+6s+10)}$，绘制当 $K^*$ 从 0 变化到 200 时系统的根轨迹，每隔 0.5 绘制一个点。

**解**　如果在 MATLAB 命令行窗口中键入命令：

```
num =[1  6];den =conv([1  5  0],[1  6  10]);rlocus(num,den)
```

则计算机绘制系统的根轨迹如图 6-19a 所示。如果在 MATLAB 命令行窗口中键入命令：

```
K =0:0.5:200;num[1  6];den =conv([1  5  0],[1  6  10]);rlocus(num,den,K)
```

则计算机绘制出系统的部分根轨迹，如图 6-19b 所示。

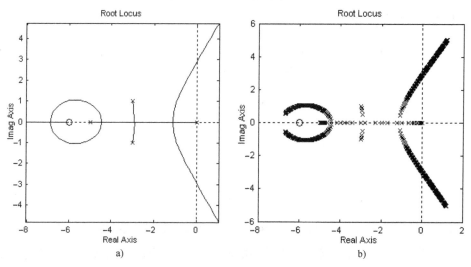

图 6-19　例 6-14 根轨迹图

# 6.5　基于计算机仿真的非线性定常控制系统新型稳定性判据

## 6.5.1　问题的提出

对于一个控制系统来说，其最重要的属性就是稳定性，一个不稳定的系统是无法工作的。长期以来，对于非线性控制系统的稳定性分析，通常采用 Lyapunov 第二法（即直接法）。但是，对有些非线性系统构造合适的广义能量函数非常困难。自从 1892 年俄罗斯科学家 A. M. Lyapunov 第一次发表他的著作《运动系统稳定性的一般问题》以后，后人对他的稳定性理论也做了一些完善工作。到目前为止，仍然没有一个构造 Lyapunov 函数的一般性的方法，这是 Lyapunov 稳定性理论的一个主要缺陷。其主要原因在于控制系统的构造差别很大，而 Lyapunov 稳定性理论给出的是充分条件，要求广义能量函数为单调减函数，使得广义能量函数的选取很难有一个一般性的方法。对于模糊控制、神经网络控制等智能控制系统，寻找到这样一个广义能量函数是极其困难的。

近数十年来，计算机技术取得了突飞猛进的发展。无论是硬件方面，还是软件方面，与之前都不可同日而语。使得计算机智能控制（如模糊控制、神经网络控制）这样性能优良的控制系统得到越来越广泛的应用，而这些控制系统却往往是非线性强耦合的系统。因此，迫切需要找到一种方便快捷的非线性定常控制系统的稳定性判别方法。

高配置的个人计算机以及像 MATLAB 这样优秀的计算与仿真软件越来越普及，使用计算机仿真来分析非线性控制系统的稳定性成为可能的解决方法之一。可见，计算机不仅在技术层面，而且在理论层面，都深刻地影响着控制理论与控制工程学科的发展。

本书作者提出了一种新型的基于计算机仿真的非线性定常控制系统稳定性分析方法。该方法选择系统各状态变量的二次方和函数作为广义能量函数，并且将 Lyapunov 第二法中有关局部稳定的充分条件扩展成充分必要条件。对必要性和充分性都给出了证明。该方法在单级倒立摆模糊控制系统的应用实验中，取得了满意的实验结果。

### 6.5.2 新型稳定性判据

首先，作为一个例子，我们考察以下非线性方程：

$$\begin{cases} \dot{x}_1 = x_2 \\ \dot{x}_2 = -x_1^3 - 0.2x_2 \end{cases} \tag{6-26}$$

如果按照传统的方法，选取正定的 Lyapunov 函数如下：

$$V = \frac{13}{2}x_1^4 + \frac{1}{2}x_2^2 + \frac{1}{2}(x_1 + 5x_2)^2 \tag{6-27}$$

则其一阶导数为

$$\dot{V} = -x_1^4 - x_2^2 \tag{6-28}$$

显然，$\dot{V}$ 为负定函数，并且当 $\|X\| \to \infty$ 时，$V \to \infty$，因此状态空间原点为大范围一致渐近稳定的平衡状态。Lyapunov 函数 $V$ 为单调减函数，而 $\dot{V}$ 为负定函数，它们随时间的变化曲线如图 6-20 所示。

同样对于非线性定常系统式（6-26），如果选择各状态分量的二次方和函数：

$$V_{ss} = x_1^2 + x_2^2 \tag{6-29}$$

函数 $V_{ss}$ 以及 $\dot{V}_{ss}$ 随时间的变化曲线如图 6-21 所示。可以看出，对于以上这个大范围一致渐近稳定的系统，各状态分量的二次方和函数 $V_{ss}$ 不是单调减函数，而是振荡递减，并且最终收敛于零。其一阶导数为不定函数，$\dot{V}_{ss}$ 曲线的虽然有时为正，有时为负，但是其平均值为负，并且最终也收敛于零。

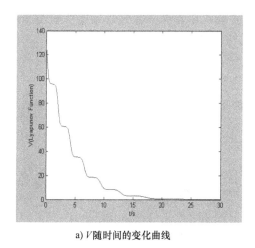

a) $V$ 随时间的变化曲线

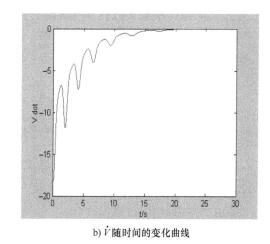

b) $\dot{V}$ 随时间的变化曲线

图 6-20　Lyapunov 函数 $V$ 以及 $\dot{V}$ 随时间的变化曲线

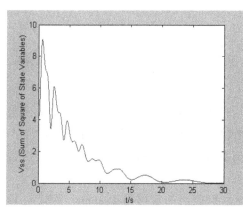

a) $V_{ss}$ 随时间的变化曲线

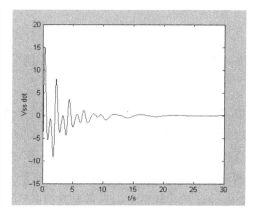

b) $\dot{V}_{ss}$ 随时间的变化曲线

图 6-21　各状态分量二次方和函数 $V_{ss}$ 以及 $\dot{V}_{ss}$ 随时间的变化曲线

　　从以上观察得到启示：是否可以根据各状态分量的二次方和函数 $V_{ss}$ 是否收敛到零来判断非线性系统的稳定性，而不必构造出 Lyapunov 函数呢？

　　在本例 $V_{ss}$ 函数随时间的变化曲线中，出现了一些振荡。通过该函数的傅里叶分解可知，这些振荡其实是叠加在按指数规律衰减的主导函数上的、多种频率的振幅递减的正弦函数。因此，这些振荡的峰值是随时间的增加而逐渐递减的。

　　非线性定常控制系统在平衡点的某个邻域内有以下 4 种运动形态：渐近稳定；发散；以极限环形式做自持振荡运动；在非平衡点的某些状态上驻留。

　　需要指出：以下定理不适用于时变系统。因为时变系统的参数随时间变化而发生改变，有可能导致系统经过一段稳定状态或者驻留状态后又变成为发散。

　　**定理**[5][6]　对于非线性定常系统 $\dot{X} = f(X)$（其中 $X = \begin{bmatrix} x_1 & x_2 & \cdots & x_n \end{bmatrix}^{\mathrm{T}}$，为状态向量），设：

1）该系统的平衡点为状态空间原点（如果平衡点不在原点，则通过变量代换坐标平移，将平衡点平移至状态空间原点而不影响系统稳定性。

2）当 $X(t_0) \in B_\varepsilon$（其中 $B_\varepsilon$ 为状态空间原点的半径为 $\varepsilon$ 的邻域）、$t \geq t_0$ 时，$X(t)$ 为有界。

则该系统为局部一致渐近稳定的充分必要条件是：通过仿真或数值计算，在充分长的时间之后，各状态分量的二次方和函数趋向于零，$V_{ss} = \sum_{i=1}^{n} x_i^2 = (x_1^2 + x_2^2 + \cdots + x_n^2) \to 0$。即如果 $V_{ss} \to 0$，则系统局部一致渐近稳定；如果 $V_{ss}$ 不趋向零，则系统不是局部一致渐近稳定的；如果 $V_{ss}$ 在有界的范围内波动，则该非线性系统为自持振荡。

**证明**

1）充分性：当 $t \to \infty$ 时，$V_{ss} \to 0$，则必有状态向量的所有分量 $x_i \to 0$（其中 $i = 1$, $2$, $\cdots$, $n$），因此 $X \to 0$，即表明：该系统在平衡点 $X = 0$ 处为一致渐近稳定。

2）必要性（采用反证法）：假设当 $t \to \infty$ 时有某一个状态分量 $x_i$ 不趋近于零，则表示该系统在平衡点 $X = 0$ 处不是一致渐近稳定的，则 $V_{ss} = \sum_{i=1}^{n} x_i^2 = (x_1^2 + x_2^2 + \cdots + x_n^2)$ 也不会趋近于零，与本定理条件不符。因此，如果该系统在平衡点 $X = 0$ 处为一致渐近稳定，则必有当 $t \to \infty$ 时，$V_{ss} \to 0$。

根据以上定理，对于非线性定常系统来说，不必花很多时间去寻找 Lyapunov 函数，只要通过数值计算绘制出其各状态分量二次方和函数随时间的变化曲线（在原点的某个邻域内选择初始状态）即可，如果它收敛于零，则该系统在状态空间原点的某一邻域内为局部一致渐近稳定。否则，该系统就不是渐近稳定的。

Lyapunov 稳定性理论的条件是充分条件，而本节提出的定理将 Lyapunov 稳定性理论的条件放宽成为充分必要条件。不必千方百计地去寻找单调下降的广义能量函数，只要各状态分量二次方和函数 $V_{ss}$ 随时间的变化曲线收敛于零即可。计算机技术的不断进步为这种新型的稳定性分析方法提供了物质条件。

**说明 1** 在 Lyapunov 第二法中，条件"$V$ 为正定且 $\dot{V}$ 为负定"可以确保得出结论："当 $\|X\| \to \infty$ 时，$V \to \infty$，则系统大范围渐近稳定"。然而，本节提出的定理却不能得出大范围稳定性的这一结论。局部渐近稳定的状态空间原点邻域范围（即 $B_\varepsilon$ 的半径），要通过仿真时设置多个不同的初始条件来确定。这是本节提出的稳定性判据的主要缺点。而在 Lyapunov 第一法（线性化法）和经典控制理论的线性化方法（小偏差法）中，如果得出系统稳定的结论，也只是局部渐近稳定，而不是大范围渐近稳定。

**说明 2** 采用传统的 Lyapunov 稳定性理论来判断系统稳定性时，其可信度取决于系统数学模型与真实系统的接近程度。而本节提出的基于计算机仿真的稳定性判据，其可信度取决于所建立的系统仿真模型与真实系统的接近程度。在 MATLAB/Simulink 环境下，系统仿真模型就是依据系统数学模型建立的。如果恰当地选择算法和步长，则两者并无显著差别。因此，两种判据的可信度是相当的。

### 6.5.3 在单级倒立摆模糊控制系统中的应用

作为基于计算机仿真的非线性定常控制系统稳定性判据的一个应用实例，本节研究单级倒立摆模糊控制系统。

在 6.2.3 节中，建立了单级倒立摆的数学模型。

为不失一般性，根据实际实验装置参数，选取倒立摆的参数如下：

1）摆杆长度 $L=1.2\mathrm{m}$，则 $L/2=0.6\mathrm{m}$。

2）摆杆质量线密度 $0.1\mathrm{kg/m}$，则 $m=1.2\times0.1\mathrm{kg}=0.12\mathrm{kg}$。

3）小车质量为 $M=1\mathrm{kg}$，重力加速度常数 $g=9.8\mathrm{m/s^2}$。

单级倒立摆模糊控制系统的结构图如图 6-22 所示，采用模糊控制策略。倒立摆模糊控制系统不显含时间 $t$（即为定常系统），所以也是一种非线性定常系统。其平衡位置上有一个扰动脉冲输入。

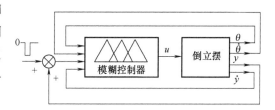

图 6-22  单级倒立摆模糊控制系统的结构图

在 MATLAB/Simulink 环境下建立单级倒立摆模糊控制系统的仿真计算模型，如图 6-23 所示，其中 $V_{ss}=\theta^2+\dot{\theta}^2+y^2+\dot{y}^2$。

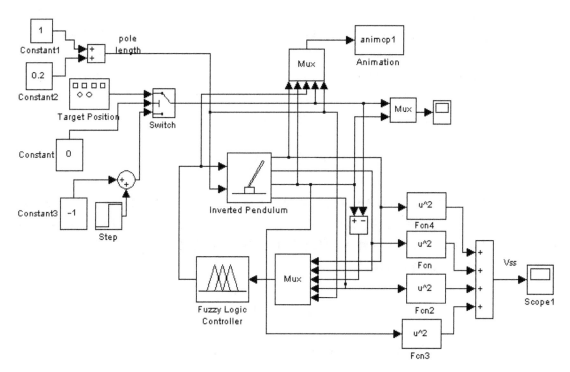

图 6-23  单级倒立摆模糊控制系统的仿真模型

从图 6-24 中看出，$V_{ss}$ 随时间变化而振荡衰减收敛到零。根据本节的定理可以得知：对于实际的倒立摆模糊控制系统（参数设置和控制方法和仿真系统一致），其在状态空间原点为局域一致渐近稳定的平衡点。而该倒立摆模糊控制系统的实验也验证了该系统是稳定的。

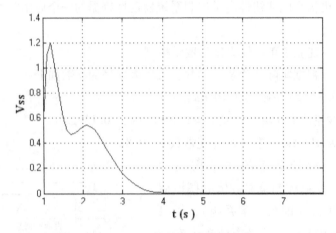

图 6-24　$V_{ss}$ 随时间而变化的曲线

### 6.5.4　结论和展望

本书作者提出的基于计算机仿真的非线性定常系统稳定性判据将 Lyapunov 稳定性理论中的第二法（直接法）的局部渐近稳定性条件由充分条件扩展成为充分必要条件。这种稳定性判据的优点之一就是使得 $V_{ss}$ 的选取有了一个规范且简化的方法。近年来，计算机硬件和软件的快速发展为基于计算机仿真的非线性控制系统稳定性判断提供了必要的物质条件。尤其对于那些难以找到广义能量函数的智能控制系统，采用本书提出的稳定性判据将比较容易地分析其稳定性。可见，计算机技术（包括计算机仿真技术）的发展不仅在技术层面，也在理论层面，深刻地影响着控制理论与控制工程学科的发展。相信在未来，计算机技术将会更加深刻地改变控制系统分析与设计的理论和方法。

# 本 章 小 结

本章介绍了各种使用 MATLAB 判断自动控制系统稳定性的方法，其中包括求控制系统特征根的方法、求特征值的方法、时域分析的方法、李亚普诺夫第二法，以及频域分析法和根轨迹法。本文作者还提出了一种新型的基于计算机仿真的控制系统稳定性判据，并且给出了相应的理论证明，以及实验验证。

# 习　题

6-1　分别采用求取特征值的方法和李亚普诺夫第二法判别下面系统的稳定性：

$$\dot{X} = \begin{pmatrix} -3 & 0 & 1 \\ -2 & -3 & 0 \\ -6 & 6 & 1 \end{pmatrix} X + \begin{pmatrix} 0 \\ 2 \\ 0 \end{pmatrix} u$$

6-2　某单位负反馈系统的开环控制系统的传递函数为 $G_k(s) = \dfrac{K(s^2 + 0.8s + 0.64)}{s(s + 0.05)(s + 5)(s + 40)}$，

试求：

1）绘制系统的根轨迹。

2）当 $K = 10$ 时，绘制系统的 Bode 图，判断系统的稳定性，并且求出幅值裕度和相位裕度。

# 第7章

# 自动控制系统计算机辅助设计

## 7.1 概述

本章将要讨论的系统设计问题是系统分析的逆问题，即对于给定的控制对象模型寻找控制策略，设计控制器，构成满足性能指标要求的自动控制系统。使用 MATLAB 不仅可以解决控制系统的分析问题，还可以解决系统的设计问题。在掌握 MATLAB 以后，设计过程会大大简化，设计效率也会大大提高，从而将人们从以往繁琐的计算绘图工作中彻底解放出来，使自动控制系统设计变得方便、快捷。本章将详细介绍如何利用 MATLAB 提供的功能函数进行控制系统的设计，并且将分别介绍工程上几种常见的控制系统设计方法及其基本原理、设计步骤和相应的 MATLAB 功能函数，然后再以自动控制系统实例介绍具体设计过程。

单输入单输出（SISO）系统校正分为串联校正、并联校正和反馈校正等几种形式，在此仅以串联校正为例说明。串联校正的单位负反馈闭环控制系统的基本结构如图 7-1 所示。而对于多输入多输出（MIMO）系统，本章 7.4 节将介绍基于状态空间模型的控制器设计方法。

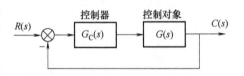

图 7-1　串联校正的单位负反馈闭环控制系统的基本结构

## 7.2 超前校正、滞后校正以及滞后-超前校正的伯德图设计

超前和滞后校正器的 Bode 图设计主要是根据开环系统传递函数、0dB 线穿越频率 $\omega_c$ 以及相应的相位裕度 $P_m$、$-180°$ 相位穿越频率 $\omega_g$ 以及对数幅值裕度 $G_m$。

对于单位负反馈系统，其开环传递函数为 $G(s)$，系统开环对数幅频特性在 $\omega = \omega_c$ 处有 $20\lg|G(j\omega_c)| = 0dB$，因此 $\omega_c$ 称为 0dB 线穿越频率。系统的伯德（Bode）图（即横坐标为对数坐标的系统开环对数幅频特性和相频特性）如图 7-2 所示。相位裕度（Phase Margin）$P_m$ 定义为

$$P_m = 180° + \angle G(j\omega_c) \tag{7-1}$$

式中，$\angle G(j\omega_c)$ 为系统开环频率特性在 $\omega = \omega_c$ 处的相位角。

设在 $\omega = \omega_g$ 处，系统开环频率特性的相位角为：$\varphi = \angle G(j\omega_g) = -180°$。因此角频率 $\omega_g$ 称为 $-180°$ 相位穿越频率。幅值裕度（Gain margin，又译成增益裕度）$G_m$ 定义为

$$G_m = -20\lg|G(j\omega_g)| \tag{7-2}$$

在频率特性法中，由开环系统的伯德图来分析闭环控制系统的稳定性时，通常采用相位

裕度 $P_m$ 和幅值裕度 $G_m$ 来描述闭环系统的相对稳定性。根据经典控制理论中的 Nyquist 判据可知，相位裕度 $P_m$ 越大，则闭环系统的相对稳定性越好，如图 7-2a 所示；如果 $P_m = 0$，则闭环系统处于临界稳定；如果 $P_m < 0$，则闭环系统不稳定，如图 7-2b 所示。系统的相位裕度 $P_m$ 表示使闭环系统达到临界稳定状态所需要的附加相移。如果幅值裕度 $G_m$ 越大，则闭环系统的相对稳定性越好，如图 7-2a 所示；如果幅值裕度 $G_m = 0dB$ （即 $|G(j\omega_g)| = 1$），则闭环系统处于临界稳定状态；如果幅值裕度 $G_m < 0dB$，则闭环系统不稳定，如图 7-2b 所示。

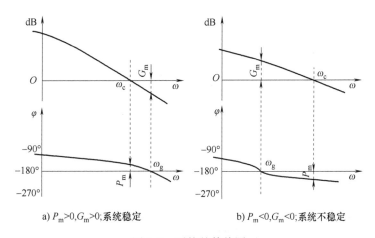

a) $P_m>0,G_m>0$;系统稳定         b) $P_m<0,G_m<0$;系统不稳定

图 7-2　系统的伯德图

## 7.2.1　超前校正器的伯德图设计

给出了被控对象的传递函数以及被控系统的性能指标后，使用伯德图来设计超前校正器的步骤如下：

1）根据对稳态精度的要求，求出系统开环增益 $K$。

2）根据求得的开环增益 $K$，画出系统校正前的伯德图，并计算校正前系统的幅值裕度 $G_m$、相位裕度 $P_m$、穿越频率 $\omega_c$。检验这些指标是否符合要求，如果不符合要求，则需要进行下面的校正过程。

3）计算需要增加的最大相位角超前量 $\varphi_m$，即

$$\varphi_m = P_0 - P_m + (5° \sim 10°) \tag{7-3}$$

式中，$P_m$ 为校正前系统的相位裕度；$P_0$ 为所期望校正后系统的相位裕度；（$5° \sim 10°$）为考虑到系统在校正前后穿越频率的移动所带来的原系统频率特性相位角的滞后量。

4）再由最大相位角超前量 $\varphi_m$ 确定超前校正器 $G_C(s)$ 中的 $\alpha$：

$$G_C(s) = \alpha \cdot \frac{Ts + 1}{\alpha Ts + 1} \tag{7-4}$$

$$\alpha = \frac{1 - \sin\varphi_m}{1 + \sin\varphi_m} \tag{7-5}$$

式中，$\alpha < 1$。

5）确定系统校正后的穿越频率 $\omega_{c2}$。在伯德图中，穿越频率 $\omega_{c2}$ 就是对应产生期望相位裕度 $P_0$ 时的频率。因为 $|\alpha G_C(j\omega)|$ 在 $\omega_{c2}$ 处的增加量为 $20\lg\sqrt{\alpha} = 10\lg\alpha$，所以 $\omega_{c2}$ 应该选在原

系统对数幅频特性的 $L(\omega) = -10\lg\alpha$ 处，则系统校正后的对数幅频特性在 $\omega_{c2}$ 处为 0dB。

在求取穿越频率 $\omega_{c2}$ 时，可以采用 MATLAB 中的插值函数 spline( ) 来计算，该函数的基本用法是：在"yi = spline(x,y,xi)"中，$y$ 是 $x$ 的函数，即 $y = f(x)$，$x$ 和 $y$ 是一一对应的行向量（通常都是 40 维）。$x = [x_1, x_2, \cdots, x_n]$，$y = [y_1, y_2, \cdots, y_n]$；已知"xi"在闭区间 $[x_1, x_n]$ 中，可以采用"yi = spline(x,y,xi)"函数求取"xi"对应的"yi"。

6）确定超前校正器传递函数中的 $T$，即

$$T = \frac{1}{\omega_{c2}\sqrt{\alpha}} \tag{7-6}$$

7）在系统中串联一个增益为 $1/\alpha$ 的放大器，可以补偿超前校正器引入带来的增益损失，则超前校正器的传递函数为

$$G_C(s) = \frac{Ts+1}{\alpha Ts+1} \tag{7-7}$$

8）根据校正后的开环系统传递函数 $G_C(s)G(s)$ 绘制伯德图，验证系统性能指标。

【例 7-1】 某个控制系统结构图如图 7-3 所示，其中原单位负反馈系统的开环传递函数为 $G(s) = \dfrac{K_0}{s(2s+1)(0.002s+1)}$，设计超前校正器 $G_C(s)$，使系统满足：

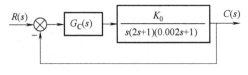

图 7-3　例 7-1 系统结构图

1）在单位斜坡信号作用下，系统的稳态误差 $e_{ss} \leqslant 0.001$。

2）校正后系统相位裕度 $P_m$ 的范围为 40°~50°。

**解**　1）根据稳态误差要求，在单位斜坡信号 $r(t) = t(t \geqslant 0)$ 作用下，$e_{ss} = \dfrac{1}{K_0} \leqslant 0.001$，因此系统开环增益 $K_0 \geqslant 1000$，选取 $K_0 = 1000$。则开环传递函数为

$$G(s) = \frac{1000}{s(2s+1)(0.002s+1)}$$

2）此时使用 MATLAB 中的命令 margin( ) 来计算校正前系统的幅值裕度、相位裕度和穿越频率。输入命令：

```
num=1000;den=conv([2 1 0],[0.002 1]);G0=tf(num,den);margin(G0)
```

计算机绘制出该系统的伯德图（见图 7-4），并且计算出相应的幅值裕度和相位裕度。可知此时幅值裕度 $G_m = -6.0119\text{dB}$，相位裕度 $P_m = -1.2771°$，穿越频率 $\omega_{c1} = 22.346\text{rad/s}$，闭环系统不稳定，需要进行超前校正。

3）根据所要求的相位稳定裕度中间值 $\gamma = 45°$，并且附加 5°，选取 $\gamma = 50°$。

建立一个 M 文件（命名为 fowrdgn. m）如下：

```
Pm=50*pi/180;                          % 期望相位裕度换算成弧度
s=tf('s');                             % 定义 s 为传递函数变量
G0=1000/(s*(2*s+1)*(0.002*s+1));       % 校正前系统开环传递函数
[mag,phase,w]=bode(G0);
alfa=(1-sin(Pm))/(1+sin(Pm));          % 计算 α 值
adb=20*log10(mag);  am=10*log10(alfa);
```

```
wc = spline(adb,w,am);              % 计算期望的校正后系统穿越频率
T = 1/(wc * sqrt(alfa));   alfaT = alfa * T;
Gc = tf([T 1],[alfaT  1])           % 得出 Gc(s)
```

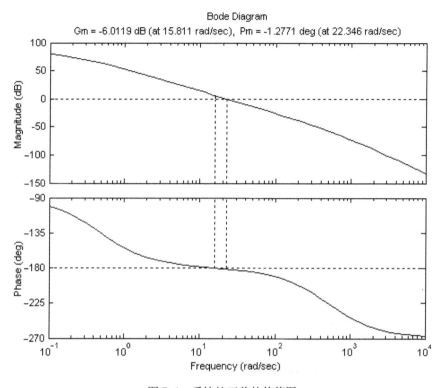

图 7-4   系统校正前的伯德图

在命令行窗口中输入该文件名 fowrdgn 并且按〈Enter〉键，计算机就得出

```
Transfer function;
0.07423 s +1
------------------
0.009834 s +1
```

即表示：

$$G_C(s) = \frac{0.07423s + 1}{0.009834s + 1}$$

于是，校正后系统的开环传递函数为

$$G_C(s)G(s) = \frac{0.07423s + 1}{0.009834s + 1} \cdot \frac{1000}{s(2s + 1)(0.002s + 1)}$$

输入以下命令：

```
num = [74.23  1000];den = conv([2 1 0],conv([0.002 1],[0.009834 1]));
margin(tf(num,den))
```

计算机绘出校正以后系统的伯德图（见图 7-5），并且计算出幅值裕度、相位裕度和穿越频率为：$G_m = 22.747\text{dB}$、$P_m = 46.54°$、$\omega_{c2} = 37.011\text{rad/s}$。显然，可以满足系统的性能指

标要求。

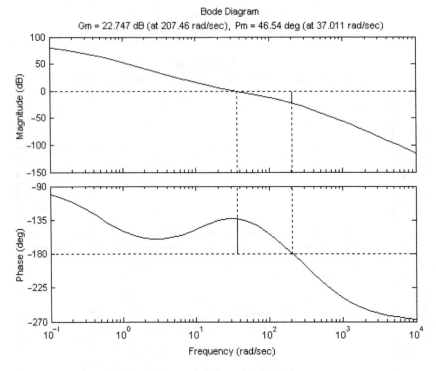

图7-5　系统校正后的伯德图

## 7.2.2　滞后校正器的伯德图设计

滞后校正器的基本特征是：其相频特性曲线具有滞后的相位角。滞后校正器是一个低通滤波器，应用滞后校正可以抑制系统的高频干扰。采用滞后校正器，校正后系统的穿越频率降低，系统的快速性变差，但是系统的稳定性提高。

在给出受控对象传递函数和性能指标后，滞后校正器的伯德图设计步骤如下：

1）根据系统对稳态精度的要求，求出系统的开环增益 $K$。

2）根据求得的开环增益 $K$，画出系统校正前的伯德图，并计算校正前系统的幅值裕度 $G_m$、相位裕度 $P_m$、穿越频率 $\omega_c$。检验这些指标是否符合要求，如果不符合要求，则需要进行下面的校正过程。

3）根据对滞后校正后系统的期望相位裕度 $P_0$，确定一个新的穿越频率 $\omega_{c2}$。其方法是：先由期望相位裕度 $P_0$，计算校正前系统在 $\omega_{c2}$ 处的相位角 $\varphi(\omega_{c2})$，即

$$\varphi(\omega_{c2}) = -180° + P_0 + (5° \sim 12°) \tag{7-8}$$

式中，$(5° \sim 12°)$ 为相位滞后网络在 $\omega_{c2}$ 处的相位角滞后量。

再根据校正前系统的相位角 $\varphi(\omega_{c2})$ 计算出对应的频率，就是所要求的期望穿越频率 $\omega_{c2}$。

4）由新的穿越频率 $\omega_{c2}$ 求出滞后校正器 $G_C(s)$ 中的 $\beta$ 值：

$$G_C(s) = \frac{Ts + 1}{\beta Ts + 1} \tag{7-9}$$

因为

$$20\lg \frac{1}{\beta} + L(\omega_{c2}) = 0\text{dB} \tag{7-10}$$

则 $20\lg \beta = L(\omega_{c2})$，所以

$$\beta = 10^{\frac{L(\omega_{c2})}{20}} \tag{7-11}$$

5）确定滞后校正器 $G_C(s)$ 中的 $T$ 值，一般选择

$$\frac{1}{T} = \left(\frac{1}{10} \sim \frac{1}{2}\right)\omega_{c2} \tag{7-12}$$

6）绘制系统经过滞后校正后的伯德图，并验证系统性能频域指标是否满足系统要求。

【例 7-2】某单位负反馈控制系统结构图如图 7-6 所示，其开环传递函数为 $G(s) = \dfrac{K_0}{s(0.2s+1)(0.01s+1)}$，设计滞后校正器 $G_C(s)$，使系统满足：

1）在单位斜坡信号作用下，系统的稳态误差 $e_{ss} \leq 0.02$。

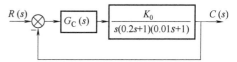

2）校正后系统相位裕度 $P_m$ 的范围为 $42° \sim 50°$。

3）校正后系统的穿越频率 $\omega_{c2} \geq 3\mathrm{rad/s}$。

解 1）根据稳态误差要求，在单位斜坡信号

图 7-6　例 7-2 系统结构图

$r(t) = t(t \geq 0)$ 作用下，$e_{ss} = \dfrac{1}{K_0} \leq 0.02$，因此系统开环增益 $K_0 \geq 50$，选取 $K_0 = 50$，则开环传递函数为

$$G(s) = \frac{50}{s(0.2s+1)(0.01s+1)}$$

2）此时使用 MATLAB 中命令 margin( ) 来计算校正前系统的幅值裕度、相位裕度和穿越频率。输入命令：

```
num =50;den =conv([0.2 1 0],[0.01 1]);margin(tf(num,den))
```

计算机绘制出系统的伯德图（见图 7-7），并且计算出相应的幅值裕度、相位裕度和穿越频率。可知此时幅值裕度 $G_m = 6.4444\mathrm{dB}$，相位裕度 $P_m = 9.3528°$，穿越频率 $\omega_{c1} = 15.327\mathrm{rad/s}$，系统的相位裕度不满足设计要求，需要进行滞后校正。

3）求滞后校正器的传递函数。根据设计要求，选取校正后的相位裕度 $P_m = 46°$。建立一个 M 文件（命名为 lagdgn.m）如下：

```
s =tf('s');                          % 定义 s 为传递函数变量
Pm =46;Pfc = -180 +Pm +10;           % Pm 为希望的相位裕度,Pfc 为此时
                                       相位角的值
G0 =50/(s * (0.2 * s +1) * (0.01 * s +1));   % 校正前系统开环传递函数
[mag,phase,w] =bode(G0);
wc2 =spline(phase,w,Pfc);            % 计算期望的校正后系统穿越频率
d1 =conv([0.2 1 0],[0.01 1]);
da =polyval(d1,j * wc2);Ga =50/da;g1 =abs(Ga);% 计算穿越频率处幅值
L =20 * log10(g1);beta =10^(L/20);   % 计算 β 值
T =1/(0.2 * wc2);betaT =beta * T;
Gc =tf([T 1],[betaT 1])              % 得出 Gc(s)
G =Gc * G0;                          % 校正后的开环传递函数
margin(G)
```

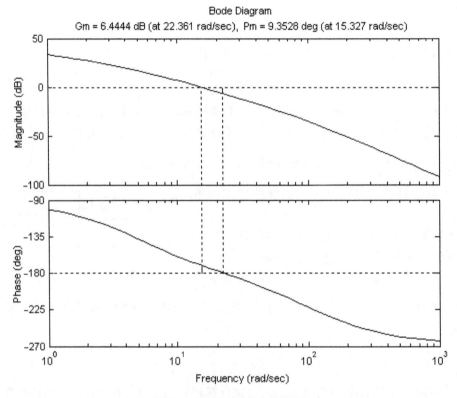

图 7-7　系统校正前的伯德图

在命令行窗口中输入该文件名 lagdgn 并按〈Enter〉键，计算机就得出 $G_C(s) = \dfrac{1.588s + 1}{21.33s + 1}$。计算机同时绘出了校正后系统的伯德图（见图 7-8），并且计算出幅值裕度、相位裕度和穿越频率为：$G_m = 27.873\text{dB}$、$P_m = 45.284°$、$\omega_{c2} = 3.1949\text{rad/s}$。显然，可以满足系统的性能指标要求。

## 7.2.3　滞后-超前校正器的伯德图设计

串联滞后-超前校正器兼有滞后校正和超前校正的优点，校正后的系统响应速度也较快，超调量较小，同时抑制高频噪声的性能也较好。当被校正的系统不稳定且要求校正后系统的响应速度、相位裕度和稳态精度较高时，宜采用串联滞后-超前校正。该方法利用滞后-超前校正器的超前部分来增大系统的相位裕度，同时又利用滞后部分来改善系统的稳态性能。

滞后-超前校正器的传递函数为

$$G_C(s) = G_{C1}(s)\,G_{C2}(s) = \frac{T_1 s + 1}{\beta T_1 s + 1} \cdot \frac{T_2 s + 1}{\alpha T_2 s + 1} \tag{7-13}$$

式中，$G_{C1}$ 为滞后校正器传递函数，$G_{C1}(s) = \dfrac{T_1 s + 1}{\beta T_1 s + 1}$，$\beta > 1$；$G_{C2}$ 为超前校正器传递函数，$G_{C2}(s) = \dfrac{T_2 s + 1}{\alpha T_2 s + 1}$，$0 < \alpha < 1$。

在给出被控对象传递函数和性能指标的条件下，串联滞后-超前校正器设计步骤如下：

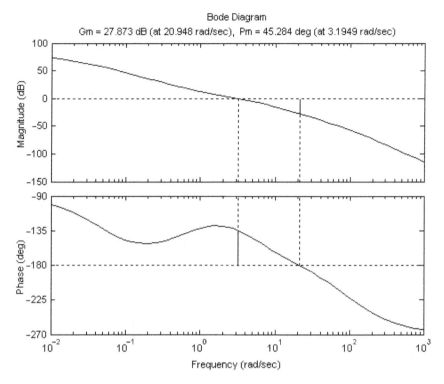

图 7-8　系统校正后的伯德图

1）根据系统对稳态精度的要求，求出系统开环增益 $K$。

2）根据求得的开环增益 $K$，画出系统校正前的伯德图，并计算校正前系统的幅值裕度 $G_m$、相位裕度 $P_m$、穿越频率 $\omega_c$。检验这些指标是否符合要求，如果不符合要求，则需要进行下面的校正过程。

3）确定滞后校正器的参数。滞后校正器的传递函数为

$$G_{C1}(s) = \frac{T_1 s + 1}{\beta T_1 s + 1} \tag{7-14}$$

式中，$\beta > 1$，$\dfrac{1}{T_1}$ 应该远小于校正前的穿越频率 $\omega_{c1}$。工程上一般选择

$$\frac{1}{T_1} = 0.1\omega_{c1} \tag{7-15}$$

$$\beta = 8 \sim 10 \tag{7-16}$$

4）选取校正后系统的期望穿越频率 $\omega_{c2}$。在选择 $\omega_{c2}$ 时，主要考虑两点：第一点，在 $\omega_{c2}$ 处校正后的系统幅值为 0dB；第二点，在 $\omega_{c2}$ 处超前校正器提供的相位超前量达到系统所期望的相位裕度的要求。

5）确定超前校正器的传递函数。超前校正器的传递函数为

$$G_{C2}(s) = \frac{T_2 s + 1}{\alpha T_2 s + 1} \quad 0 < \alpha < 1 \tag{7-17}$$

如果原系统串联滞后校正器后的幅值为 $L(\omega_{c2})$（单位为 dB），那么经过滞后-超前校正

后的期望穿越频率 $\omega_{c2}$ 处，应该满足 $20\lg\dfrac{1}{\alpha} + L(\omega_{c2}) = 0\text{dB}$ 或 $20\lg\alpha = L(\omega_{c2})$，则

$$\alpha = 10^{\frac{L(\omega_{c2})}{20}} \tag{7-18}$$

同时，因为

$$\omega_{c2} = \omega_m = \frac{1}{T_2\sqrt{\alpha}} \tag{7-19}$$

则 $T_2$ 为

$$T_2 = \frac{1}{\omega_{c2}\sqrt{\alpha}} \tag{7-20}$$

6）绘制系统经过滞后-超前校正后的伯德图，并且验证系统性能频域指标是否满足系统要求。

【例 7-3】某单位负反馈控制系统结构图如图 7-9 所示，其开环传递函数为 $G(s) = \dfrac{K_0}{s(0.8s+1)(0.6s+1)}$，设计滞后-超前校正器 $G_C(s)$，使系统满足：

1）在单位斜坡信号作用下，系统的速度误差系数 $K_v = 10\text{s}^{-1}$。

2）校正后系统相位裕度 $P_m$ 的范围为 $50° \sim 60°$。

3）校正后系统的穿越频率 $\omega_{c2} \geq 1\text{rad/s}$。

图 7-9  例 7-3 系统结构图

**解**  1）根据稳态误差要求，在单位斜坡信号 $r(t) = t(t \geqslant 0)$ 作用下，$K_v = 10\text{s}^{-1}$，则

$$K_v = \lim_{s\to0}sG(s) = \lim_{s\to0}s\frac{K_0}{s(0.8s+1)(0.6s+1)} = 10$$

因此，$K_0 = 10$。则被控对象的传递函数为

$$G(s) = \frac{10}{s(0.8s+1)(0.6s+1)}$$

2）此时使用 MATLAB 中命令 margin( ) 来计算校正前系统的幅值裕度、相位裕度和穿越频率。输入命令：

```
num =10;den =conv([0.8  1  0],[0.6  1]);margin(tf(num,den))
```

计算机绘制出系统的伯德图（见图 7-10），并且计算出相应的幅值裕度、相位裕度和穿越频率。可知此时幅值裕度 $G_m = -10.702\text{dB}$，相位裕度 $P_m = -29.591°$，穿越频率 $\omega_{c1} = 2.4922\text{rad/s}$，系统不稳定，需要进行滞后-超前校正。

3）求滞后-超前校正器的传递函数。根据设计要求，选取校正后的相位裕度 $P_m = 55°$。建立一个 M 文件（命名为 laglead. m）如下：

```
wc2 =3;                              % wc2 为可调参数,可选为 3
s =tf('s');                         % 定义 s 为传递函数变量
G0 =10/(s * (0.8 * s+1) * (0.6 * s+1));  % 校正前系统开环传递函数
[Gm,Pm,wc1] =margin(G0);beta =9;
```

```
T1 = 1/(0.1 * wc1); betaT = beta * T1;
Gc1 = tf([T1 1],[betaT 1]);             % 计算滞后校正器
Gs01 = G0 * Gc1;                        % 计算原系统与滞后校正器串联后的传递函数
num = Gs01.num{1}; den = Gs01.den{1};   % 计算 Gs01 分子和分母多项式系数向量
na = polyval(num,j * wc2); da = polyval(den,j * wc2);
g1 = abs(na/da); L = 20 * log10(g1);
alfa = 10^(L/20);                       % 计算 α 值
T2 = 1/(wc2 * sqrt(alfa)); alfaT = alfa * T2;
Gc2 = tf([T2 1],[alfaT 1]);             % 计算超前校正器
Gc = Gc1 * Gc2;                         % 滞后 - 超前校正器的传递函数
G = G0 * Gc;                            % 原系统与滞后 - 超前校正器串联后的传递函数
margin(G)
```

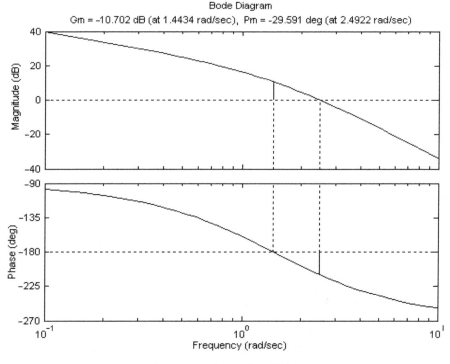

图 7-10   系统校正前的伯德图

在运行以上程序时，采用试凑法调节 "wc2" 的值，直到满足系统要求的性能指标为止。在本例中，当 wc2 = 3 时，校正后系统的伯德图如图 7-11 所示。

计算机同时计算出幅值裕度、相位裕度和穿越频率为：$G_m = 19.291\mathrm{dB}$、$P_m = 55.292°$、$\omega_{c2} = 1.1869\mathrm{rad/s}$。显然，可以满足系统的性能指标要求。系统滞后校正器为 $G_{C1}(s) = \dfrac{6.928s + 1}{62.35s + 1}$，超前校正器为 $G_{C2}(s) = \dfrac{1.267s + 1}{0.08772s + 1}$；而滞后 - 超前校正器为 $G_C(s) = G_{C1}(s)G_{C2}(s) = \dfrac{8.775s^2 + 8.195s + 1}{5.47s^2 + 62.44s + 1}$。

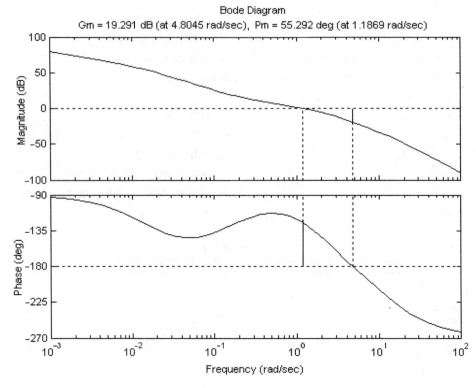

图 7-11　系统校正后的伯德图

# 7.3　PID 控制器设计

PID（比例-积分-微分）控制器是目前在实际工程中应用最为广泛的一种控制策略。PID 算法简单实用，不要求被控对象的精确数学模型。

## 7.3.1　PID 控制器的传递函数

### 1. 连续 PID 控制器的传递函数

闭环控制系统的基本结构如图 7-12 所示，连续 PID 控制器的表达式为

$$x(t) = K_{\mathrm{P}}e(t) + K_{\mathrm{I}}\int_0^t e(\tau)\mathrm{d}\tau + K_{\mathrm{D}}\frac{\mathrm{d}e(t)}{\mathrm{d}t} \qquad (7\text{-}21)$$

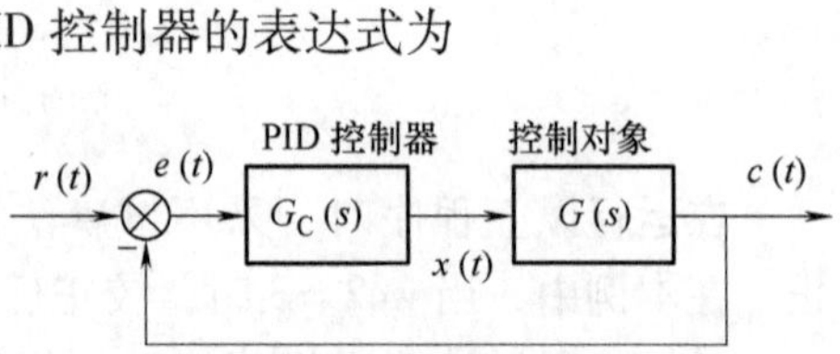

式中，$K_{\mathrm{P}}$、$K_{\mathrm{I}}$ 和 $K_{\mathrm{D}}$ 分别为比例系数、积分系数和微分系数，分别是这些运算的加权系数。

对式（7-21）进行拉普拉斯变换，整理后得到连续 PID 控制器的传递函数为

图 7-12　闭环控制系统的基本结构

$$G_{\mathrm{C}}(s) = K_{\mathrm{P}} + \frac{K_{\mathrm{I}}}{s} + K_{\mathrm{D}}s = K_{\mathrm{P}}\left(1 + \frac{1}{T_{\mathrm{I}}s} + T_{\mathrm{D}}s\right) \qquad (7\text{-}22)$$

显然，$K_{\mathrm{P}}$、$K_{\mathrm{I}}$ 和 $K_{\mathrm{D}}$ 三个参数一旦确定（注意：$T_{\mathrm{I}} = K_{\mathrm{P}}/K_{\mathrm{I}}$，$T_{\mathrm{D}} = K_{\mathrm{D}}/K_{\mathrm{P}}$），PID 控制器的性能也就确定了。为避免纯微分运算，通常采用近似的 PID 控制器，其传递函数为

$$G_C(s) = K_P\left(1 + \frac{1}{T_I s} + \frac{T_D s}{0.1T_D s + 1}\right) \qquad (7\text{-}23)$$

**2. 离散 PID 控制器**

如果采样周期为 $T$，则第 $k$ 个采样周期 $e(t)$ 的导数可近似表示为

$$\frac{de(t)}{dt} = \frac{e(kT) - e[(k-1)T]}{T} \qquad (7\text{-}24)$$

在 $k$ 个采样周期内对 $e(t)$ 的积分可近似表示为

$$\int_0^{kT} e(t)dt = T\sum_{m=0}^{k} e(mT) \qquad (7\text{-}25)$$

因此，离散 PID 控制器的表达式为

$$x(kT) = K_P e(kT) + K_I T\sum_{m=0}^{k} e(mT) + K_D \frac{e(kT) - e[(k-1)T]}{T} \qquad (7\text{-}26)$$

离散 PID 控制器的表达式可简化为

$$x(k) = K_P e(k) + K_I T\sum_{m=0}^{k} e(m) + K_D \frac{e(k) - e(k-1)}{T} \qquad (7\text{-}27)$$

离散 PID 控制器的脉冲传递函数为

$$G_C(z) = K_P + \frac{K_I}{1 - z^{-1}} + K_D(1 - z^{-1}) \qquad (7\text{-}28)$$

### 7.3.2 PID 控制器各参数对控制性能的影响

PID 控制器的 $K_P$、$K_I$ 和 $K_D$ 三个参数的大小决定了 PID 控制器的比例、积分和微分控制作用的强弱。下面通过直流电动机调速系统的实例来介绍使用期望特性法来确定这三个参数的过程，并分析这三个参数分别是如何影响控制系统性能的。

**【例 7-4】** 某直流电动机速度控制系统结构图如图 7-13 所示，采用 PID 控制方案，使用期望特性法来确定 $K_P$、$K_I$ 和 $K_D$ 这三个参数。建立该系统的 Simulink 模型，观察其单位阶跃响应曲线，并分析这三个参数分别对控制性能的影响。

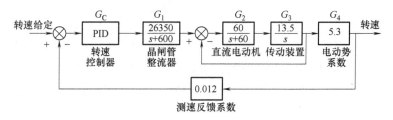

图 7-13 直流电动机 PID 控制系统结构图

**解** （1）使用期望特性法来设计 PID 控制器。首先，假设 PID 控制器的传递函数为 $G_C(s) = K_P + \frac{K_I}{s} + K_D s$，其中 $K_P$、$K_I$ 和 $K_D$ 三个参数待定。图 7-13 所示系统闭环的传递函数为

$$G_B(s) = \frac{113120550 \times (K_D s^2 + K_P s + K_I)}{s^4 + 660s^3 + (36810 + 1357447K_D)s^2 + (486000 + 1357447K_P)s + 1357447K_I}$$

如果希望闭环极点为 $-300$、$-300$、$-30+j30$ 和 $-30-j30$，则期望特征多项式为 $s^4 + 660s^3 + 127800s^2 + 6480000s + 162 \times 10^6$。对应系数相等，可求得

$$K_D = 0.067，K_P = 4.4156，K_I = 119.34$$

在命令行窗口中输入这三个参数值，并建立该系统的 Simulink 模型，如图 7-14 所示。

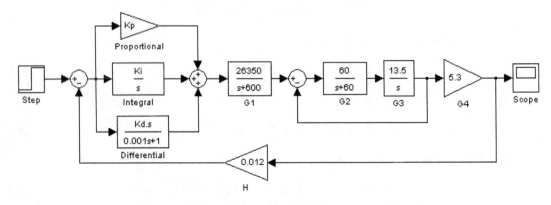

图 7-14　直流电动机 PID 控制系统的 Simulink 仿真模型

输入信号为单位阶跃信号，在 $t=1\mathrm{s}$ 时从 0 变化到 1，系统响应曲线如图 7-15 所示。

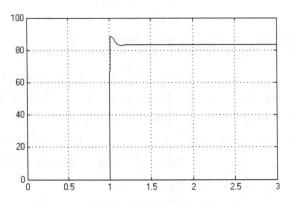

图 7-15　直流电动机 PID 控制系统响应曲线

（2）分析比例系数 $K_P$ 对控制性能的影响。在 $K_I = 119.34$ 和 $K_D = 0.067$ 保持不变的情况下，$K_P$ 分别取值 0.5、5 和 20，系统的响应曲线如图 7-16 所示。可见，当 $K_P$ 取值较小时，系统响应进入稳态的速度较慢；而当 $K_P$ 取值较大时，系统响应进入稳态的速度较快，但超调量增大。

（3）分析积分系数 $K_I$ 对控制性能的影响。在 $K_D = 0.067$ 和 $K_P = 4.4156$ 保持不变的情况下，$K_I$ 分别取值 20、120 和 300，系统的响应曲线如图 7-17 所示。可见，当 $K_I$ 取值较小时，系统响应进入稳态的速度较慢；而当 $K_I$ 取值较大时，系统的响应进入稳态的速度较快，但超调量增大。

（4）分析微分系数 $K_D$ 对控制性能的影响。在 $K_P = 4.4156$ 和 $K_I = 119.34$ 保持不变的情况下，$K_D$ 分别取值 0.01、0.07 和 0.2，系统的响应曲线如图 7-18 所示。可见，当 $K_D$ 取值较小时，系统响应对变化趋势的调节较慢，超调量较大；而当 $K_D$ 取值较大时，系统响应进

入稳态的速度较快，但超调量增大；当 $K_D$ 取值过大时，对变化趋势的调节过强，阶跃响应的初期出现了尖脉冲。

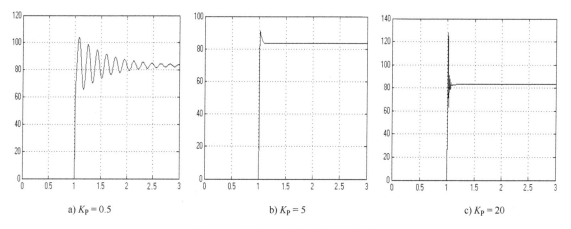

图 7-16　改变 $K_P$ 时的系统响应曲线

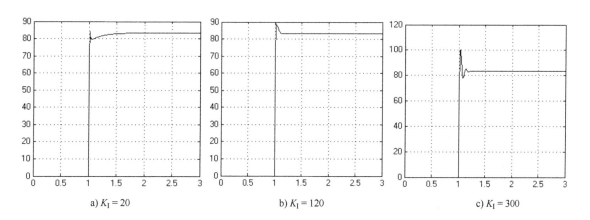

图 7-17　改变 $K_I$ 时的系统响应曲线

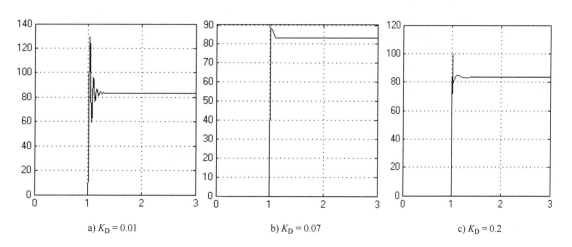

图 7-18　改变 $K_D$ 时的系统响应曲线

### 7.3.3  使用 Ziegler-Nichols 经验整定公式进行 PID 控制器设计

假设 PID 控制器的传递函数为 $G_C(s) = K_P + \dfrac{K_I}{s} + K_D s = K_P\left(1 + \dfrac{1}{T_I s} + T_D s\right)$，则 PID 控制器的设计实际上就是确定三个参数：比例系数 $K_P$、积分时间常数 $T_I$ 和微分时间常数 $T_D$。Ziegler-Nichols 经验整定公式是针对被控对象模型为带有延迟的一阶惯性传递函数提出的：

$$G(s) = \frac{K}{Ts+1}e^{-\tau s} \tag{7-29}$$

式中，$K$ 为比例系数；$T$ 为惯性时间常数；$\tau$ 为纯延迟时间常数；$\dfrac{\tau}{T} \leqslant 1$。

Ziegler-Nichols 经验整定公式见表 7-1。

表 7-1  PID 控制器参数的 Ziegler-Nichols 经验整定公式

| 控制器类型 | 由阶跃响应整定 | | |
|:---:|:---:|:---:|:---:|
| | $K_P$ | $T_I$ | $T_D$ |
| P 控制器 | $\dfrac{T}{K\tau}$ | — | — |
| PI 控制器 | $\dfrac{0.9T}{K\tau}$ | $3\tau$ | — |
| PID 控制器 | $\dfrac{1.2T}{K\tau}$ | $2\tau$ | $0.5\tau$ |

【例 7-5】 系统如图 7-19 所示，被控对象为一个带有延迟的惯性环节，试用 Ziegler-Nichols 经验整定公式计算 PID 控制器的参数，并绘制其仿真系统单位阶跃响应曲线。

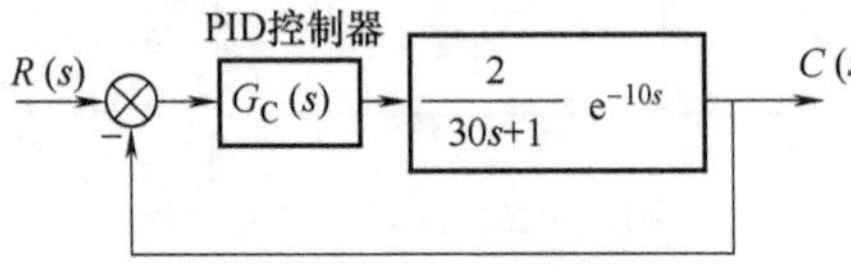

**解**  由该系统传递函数可知，$K=2$、$T=30$、$\tau=10$。采用 Ziegler-Nichols 经验整定公式，计算 PID 控制器的参数如下：

图 7-19  例 7-5 系统结构图

$$K_P = \frac{1.2T}{K\tau} = \frac{1.2 \times 30}{2 \times 10} = 1.8, \quad T_I = 2\tau = 2 \times 10 = 20, \quad T_D = 0.5\tau = 0.5 \times 10 = 5$$

因此，PID 控制器的传递函数为

$$G_C(s) = K_P\left(1 + \frac{1}{T_I s} + T_D s\right) = 1.8 \times \left(1 + \frac{1}{20s} + 5s\right)$$

构造 MATLAB/Simulink 模型，如图 7-20a 所示，仿真曲线如图 7-20b 所示。

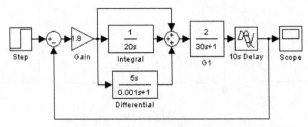

a) 仿真模型

图 7-20  例 7-5 系统仿真模型和仿真曲线

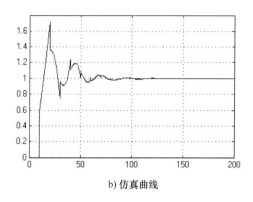

b) 仿真曲线

图 7-20   例 7-5 系统仿真模型和仿真曲线 (续)

从系统仿真结果可见，采用 Ziegler-Nichols 经验整定公式计算 PID 控制器的参数，所设计的 PID 控制器可以使系统稳定。

## 7.4   基于状态空间模型的控制器设计方法

对于自动控制系统，可以采用多种数学模型来描述，如微分方程、传递函数、状态空间表达式等。其中，状态空间表达式模型是目前最新型与最科学的描述方法，它能够全面地表达系统的全部状态信息。它不仅可以描述线性系统，还可以描述非线性系统。状态空间模型既能够描述单输入单输出 (SISO) 系统，也能够描述多输入多输出 (MIMO) 系统。因此，状态空间模型是现代控制理论的基础。

### 7.4.1   状态空间表达式的若干基本概念及状态方程的解

在现代控制理论中，用状态变量法来描述系统时，控制系统是用一阶矩阵向量微分方程来描述的。采用矩阵表示法来描述系统，其数学表达式简洁明了、方便高效，并且容易用计算机求解。以下是几个相关的基本概念。

（1）状态

动力学系统的状态可以定义为系统信息的集合。在已知未来系统外部输入的条件下，这些信息对于确定系统未来的行为是充分且必要的。因此，动力学系统在 $t_1$ 时刻的状态由 $t_0$ 时刻的状态和 $t_0 \leqslant t \leqslant t_1$ 时间内的输入唯一确定，而与 $t_0$ 时刻以前的状态和输入无关。

（2）状态变量

动力学系统的状态变量是确定动力学系统状态最小的一组变量。如果以最少的 $n$ 个变量 $(x_1(t)、x_2(t)、\cdots、x_n(t))$ 就可以完全描述动力学系统的行为，则这样的 $n$ 个变量 $(x_1(t)、x_2(t)、\cdots、x_n(t))$ 就是系统的一组变量。要注意：系统状态变量的选择不是唯一的。

（3）状态向量

如果完全描述一个给定系统的动态行为需要 $n$ 个状态变量，那么可以将这些状态变量看作向量 $\boldsymbol{X}(t)$ 的各个分量，即

$$X(t) = \begin{pmatrix} x_1(t) \\ x_2(t) \\ \vdots \\ x_n(t) \end{pmatrix} \tag{7-30}$$

式中，$X(t)$ 为 $n$ 维状态向量。

（4）状态空间

以各状态变量为坐标轴所组成的 $n$ 维空间称为状态空间。某一时刻的状态向量可以用状态空间的某一个点来表示。

（5）状态空间表达式

描述系统输入、输出和状态变量之间关系的方程组称为系统的状态空间表达式。对于线性定常系统而言，其形式为

$$\begin{cases} \dot{X} = AX + Bu \\ y = CX + Du \end{cases} \tag{7-31}$$

式（7-31）中的上、下两式分别称为状态方程和输出方程。

（6）系统状态方程的解

如果状态方程是齐次的，即 $\dot{X} = AX$，则其解为

$$X(t) = e^{At}X(0) = \Phi(t)X(0) \tag{7-32}$$

如果状态方程是非齐次的，即 $\dot{X} = AX + Bu$，则其解为

$$X(t) = e^{At}X(0) + \int_0^t e^{A(t-\tau)}Bu(\tau)\mathrm{d}\tau = \Phi(t)X(0) + \int_0^t \Phi(t-\tau)Bu(\tau)\mathrm{d}\tau \tag{7-33}$$

【例 7-6】已知线性系统齐次状态方程为 $\dot{X} = \begin{pmatrix} 0 & 1 \\ -2 & -3 \end{pmatrix}X$，$X(0) = \begin{pmatrix} 1 \\ 0 \end{pmatrix}$，求系统状态方程的解。

**解** 用以下 MATLAB 程序计算齐次状态方程的解（其中 collect 函数的作用是合并同类项，而 ilaplace 函数的作用是求取拉普拉斯逆变换，det 函数的作用是求方阵的行列式）：

```
syms s phi0;                              % 声明符号变量
A=[0  1;-2  -3];I=[1  0;0  1];
E=s*I-A;C=det(E);D=collect(inv(E));
phi0=ilaplace(D)
x0=[1;0];x=phi0*x0
```

程序执行后：

```
phi0 =                                       x =
[-exp(-2*t)+2*exp(-t),exp(-t)-exp(-2*t)]     [-exp(-2*t)+2*exp(-t)]
[-2*exp(-t)+2*exp(-2*t),2*exp(-2*t)-exp(-t)] [-2*exp(-t)+2*exp(-2*
                                             t)]
```

即

$$\Phi(t) = \begin{pmatrix} 2e^{-t} - e^{-2t} & e^{-t} - e^{-2t} \\ -2e^{-t} + 2e^{-2t} & -e^{-t} + 2e^{-2t} \end{pmatrix}, \quad X(t) = \begin{pmatrix} 2e^{-t} - e^{-2t} \\ -2e^{-t} + 2e^{-2t} \end{pmatrix}$$

【例7-7】已知系统状态方程为 $\dot{X} = \begin{pmatrix} 0 & 1 \\ -2 & -3 \end{pmatrix} X + \begin{pmatrix} 0 \\ 1 \end{pmatrix} u$, $X(0) = \begin{pmatrix} 1 \\ 0 \end{pmatrix}$, $u(t) = 1(t)$, 求系统状态方程的解。

**解** MATLAB 程序如下（其中，语句 "phi = subs(phi0,'t',(t-tao))" 表示将符号变量 phi0 中的自变量 "t" 用 "(t-tao)" 代换构成符号变量 "phi"，而语句 "x2 = int(F,tao,0,t)" 表示符号变量 "F" 对 "tao" 在 0 到 "t" 的积分区间上求积分，运算结果返回 "x2"）：

```
syms s t x0 x tao phi phi0;                % 声明符号变量
A=[0 1;-2 -3];I=[1 0;0 1];B=[0;1];
E=s*I-A;C=det(E);D=collect(inv(E));
phi0=ilaplace(D);x0=[1;0];x1=phi0*x0;

phi=subs(phi0,'t',(t-tao));
F=phi*B*1;x2=int(F,tao,0,t);
x=collect(x1+x2)
```

程序执行结果如下：

```
x =

[ -1/2*exp(-2*t)+exp(-t)+1/2]
[        -exp(-t)+exp(-2*t)]
```

即

$$X(t) = \begin{pmatrix} 0.5 + e^{-t} - 0.5e^{-2t} \\ -e^{-t} + e^{-2t} \end{pmatrix}$$

### 7.4.2 状态反馈极点配置控制器设计

当线性系统是状态能控时，可以通过状态反馈来任意配置系统的极点。把极点配置到 $S$ 左半平面所希望的位置上，则可以获得满意的控制特性。

系统结构图如图 7-21 所示。

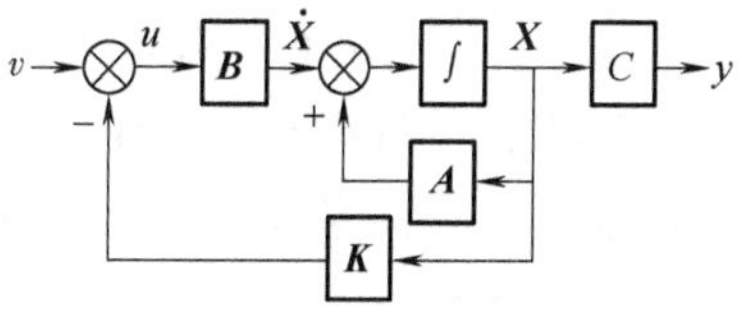

状态反馈的系统方程为

$$\dot{X} = (A - BK)X + Bv, y = CX$$

在 MATLAB 中，用函数命令 place( ) 可以方便地求出状态反馈矩阵 $K$；其调用格式为

$$K = \text{place}(A, B, P)$$

图 7-21 状态反馈系统结构图

式中，$P$ 为一个行向量，其各分量为所希望配置的各极点。

该命令计算出状态反馈阵 $K$，使得 $(A - BK)$ 的特征值为向量 $P$ 的各个分量。使用函数命令 acker( ) 也可以计算出状态矩阵 $K$，其作用和调用格式与 place( ) 相同，只是算法有些差异。

【**例7-8**】线性控制系统的状态方程为 $\dot{X}=AX+Bu$，$y=CX$。其中，$A=\begin{pmatrix} -6 & -11 & -6 \\ 1 & 0 & 0 \\ 0 & 1 & 0 \end{pmatrix}$，

$B=\begin{pmatrix} 1 \\ 0 \\ 0 \end{pmatrix}$，$C=(0 \quad 0 \quad 10)$。要求确定状态反馈矩阵，使状态反馈系统极点配置为：$s_1=$

$-10$，$s_2=-11$，$s_3=-12$。

**解** 首先判断系统的能控性，输入以下语句：

```
A=[-6  -11  -6;1 0 0;0 1 0];B=[1;0;0];
r=rank(ctrb(A,B))
```

语句执行结果如下：

```
r =

     3
```

这说明系统能控性矩阵满秩，系统能控，可以应用状态反馈，任意配置极点。

输入以下语句：

```
A=[-6  -11  -6;1 0 0;0 1 0];B=[1;0;0];C=[0 0 10];
P=[-10  -11  -12];
K=place(A,B,P)
```

语句执行结果如下：

```
K =
  1.0e+003 *
    0.0270  0.3510  1.3140
```

计算结果表明，状态反馈阵为 $K=(27 \quad 351 \quad 1314)$。如果将输入语句中的"K=place (A，B，P)"改为"K=acker (A，B，P)"，可以得到同样的结果。

用 MATLAB/Simulink 构造该状态反馈控制系统模型，如图 7-22 所示。在输入"A、B、C、P"，并且运行命令"K=place(A,B,P)"之后，使 Workspace 中已经存在矩阵"A、B、C、P 和 K"，并且在积分器中设置初值，然后运行该仿真模型。运行结果（见图 7-23）显示，状态反馈控制系统的动态性能良好。

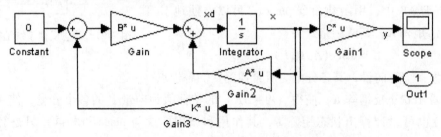

图 7-22 例 7-8 状态反馈系统反馈模型

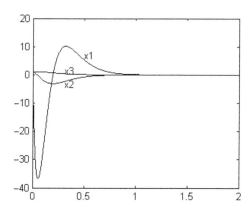

图 7-23　例 7-8 状态反馈控制系统仿真结果

## 7.4.3　状态观测器设计

引入状态反馈可以获得较好的系统性能，但这需要测量系统全部的状态变量。而在实际系统中，大部分状态变量很难直接测量到。例如，系统中的某些状态变量基于系统的结构特性，其本身无物理意义，因而无法测量；有些状态变量虽然可以测量，但是所需的传感器价格昂贵；有些状态变量信号很微弱且易混进噪声。因此，为了实现状态反馈控制，可以构造一个模型，利用已知信息（如输入量和输出量）对系统状态进行估计。这样构造的虚拟系统可以用来对实际系统的状态变量进行观测，进而使用状态变量的估计

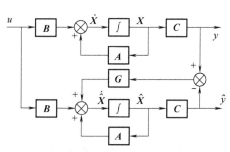

图 7-24　具有状态观测器的系统结构图

值 $\hat{X}$ 代替实际测量值 $X$，进行状态反馈控制。具有状态观测器的系统结构图如图 7-24 所示。

【例 7-9】 某线性控制系统的状态方程为 $\dot{X} = AX + Bu$，$y = CX$，其中 $A = \begin{pmatrix} 1 & 0 & 0 \\ 0 & 2 & 1 \\ 0 & 0 & 2 \end{pmatrix}$，

$B = \begin{pmatrix} 1 \\ 0 \\ 1 \end{pmatrix}$，$C = (1 \quad 1 \quad 0)$。设计系统状态观测器，要求状态观测器的特征值为：-3、-4、-5。

**解**　首先判断系统的能观性，输入以下语句：

```
A=[1 0 0;0 2 1;0 0 2];B=[1;0;1];C=[1 1 0];
r=rank(obsv(A,C))
```

语句运行结果如下：

```
r =

    3
```

这说明系统能观性矩阵满秩，系统能观测，可以设计状态观测器。

输入以下语句：

```
A=[1 0 0;0 2 1;0 0 2];B=[1;0;1];C=[1 1 0];
A1=A';C1=C';P=[-3 -4 -5];
G1=acker(A1,C1,P);
G=G1'
```

语句运行结果如下：

```
G =

    120
   -103
    210
```

计算结果表明，状态观测器矩阵为

$$
G = \begin{pmatrix} 120 \\ -103 \\ 210 \end{pmatrix}
$$

状态观测器的方程为

$$
\hat{X} = (A - GC)\hat{X} + Gy + Bu = \begin{pmatrix} -119 & -120 & 0 \\ 103 & 105 & 1 \\ -210 & -210 & 2 \end{pmatrix} \hat{X} + \begin{pmatrix} 120 \\ -103 \\ 210 \end{pmatrix} y + \begin{pmatrix} 1 \\ 0 \\ 1 \end{pmatrix} u
$$

## 7.4.4 基于状态观测器的状态反馈控制系统

单输入单输出线性定常系统方程为

$$
\begin{cases} \dot{X} = AX + Bu \\ y = CX \end{cases}
$$

当系统能控时，可以引入状态反馈，任意配置状态反馈系统的特征值，即 $(A - BK)$ 的特征值可以任意配置。如果系统是能观的，则可以构造状态观测器，得到系统状态变量的估计值。$(A - GC)$ 的特征值也可以任意配置。这种 $(A - BK)$ 的特征值和 $(A - GC)$ 的特征值可以分别配置、互不影响的方法称为分离原理。应注意，在系统设计时，状态观测器的特征值大约是状态反馈系统特征值的 4 倍，从而保证状态观测器有快的瞬态过程。

【例 7-10】线性控制系统的状态方程为 $\dot{X} = AX + Bu$，$y = CX$，其中 $A = \begin{pmatrix} -6 & -11 & -6 \\ 1 & 0 & 0 \\ 0 & 1 & 0 \end{pmatrix}$，

$B = \begin{pmatrix} 1 \\ 0 \\ 0 \end{pmatrix}$，$C = (0 \quad 0 \quad 10)$。要求设计具有状态观测器的状态反馈控制系统（见图 7-25），使状态观测器的极点为 $-8$、$-8.5$、$-9$，状态反馈系统极点配置为 $-2$、$-2.5$、$-3$，输入信号为单位阶跃信号。

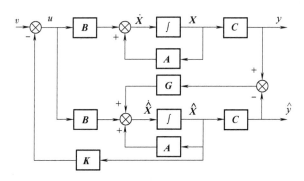

图 7-25　具有状态观测器的状态反馈控制系统结构图

**解**　首先判断系统的能控性和能观性，输入以下语句：

```
A =[-6  -11  -6;1 0 0;0 1 0];B =[1;0;0];C =[0  0  10];
rc =rank(ctrb(A,B))
ro =rank(obsv(A,C))
```

语句运行结果如下：

```
rc =          ro =


        3          3
```

这表明系统能控性矩阵满秩，系统能控，可以进行状态反馈极点配置；能观性矩阵满秩，系统能观测，可以设计状态观测器。因此，可以设计具有状态观测器的状态反馈控制系统。

再输入以下命令：

```
P =[-2  -2.5  -3];K =place(A,B,P)
P1 =[-8  -8.5  -9];G1 =place(A',C',P1);G =G1'
```

计算出的状态反馈矩阵 **K** 和状态观测器矩阵 **G** 如下：

```
K =

    1.5000    7.5000    9.0000


G =


   -13.9500
     8.8500
     1.9500
```

图 7-26 所示为所设计的具有状态观测器的状态反馈控制系统仿真模型。在积分器中设置初值，然后运行该仿真模型。仿真结果（见图 7-27）显示，状态反馈控制系统的动态性能良好。

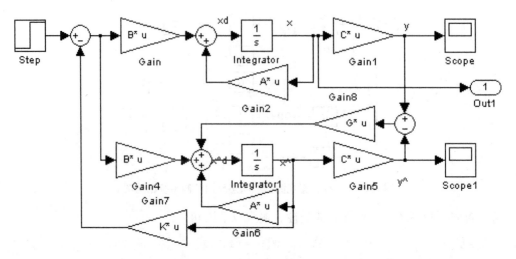

图 7-26 具有状态观测器的状态反馈控制系统仿真模型

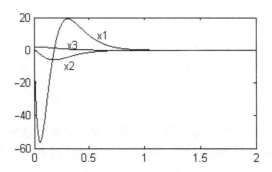

图 7-27 具有状态观测器的状态反馈控制系统仿真结果

【例7-11】 与图6-6类似的另一台单级倒立摆系统如图7-28所示，摆杆长度为$L$，摆球质量（包括摆杆质量）为$m$，小车的质量为$M$，重力加速度为$g$。

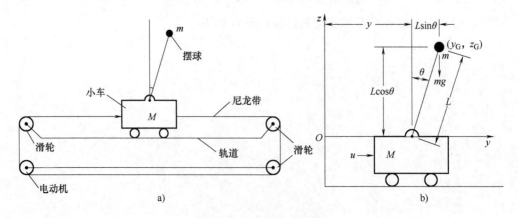

图 7-28 单级倒立摆系统

选择状态变量：$x_1 = \theta$，$x_2 = \dot{\theta}$，$x_3 = y$，$x_4 = \dot{y}$。则其状态空间表达式为

$$\begin{pmatrix} \dot{x}_1 \\ \dot{x}_2 \\ \dot{x}_3 \\ \dot{x}_4 \end{pmatrix} = \begin{pmatrix} 0 & 1 & 0 & 0 \\ \dfrac{(M+m)g}{ML} & 0 & 0 & 0 \\ 0 & 0 & 0 & 1 \\ -\dfrac{mg}{M} & 0 & 0 & 0 \end{pmatrix} \begin{pmatrix} x_1 \\ x_2 \\ x_3 \\ x_4 \end{pmatrix} + \begin{pmatrix} 0 \\ -\dfrac{1}{ML} \\ 0 \\ \dfrac{1}{M} \end{pmatrix} u , \quad \begin{pmatrix} y_1 \\ y_2 \end{pmatrix} = \begin{pmatrix} 1 & 0 & 0 & 0 \\ 0 & 0 & 1 & 0 \end{pmatrix} \begin{pmatrix} x_1 \\ x_2 \\ x_3 \\ x_4 \end{pmatrix}$$

设 $L = 0.8\text{m}$、$M = 5\text{kg}$、$m = 0.5\text{kg}$、$g = 9.8\text{m/s}^2$，则系统的状态空间表达式为

$$\begin{pmatrix} \dot{x}_1 \\ \dot{x}_2 \\ \dot{x}_3 \\ \dot{x}_4 \end{pmatrix} = \begin{pmatrix} 0 & 1 & 0 & 0 \\ 13.475 & 0 & 0 & 0 \\ 0 & 0 & 0 & 1 \\ -0.98 & 0 & 0 & 0 \end{pmatrix} \begin{pmatrix} x_1 \\ x_2 \\ x_3 \\ x_4 \end{pmatrix} + \begin{pmatrix} 0 \\ -0.25 \\ 0 \\ 0.2 \end{pmatrix} u , \quad \begin{pmatrix} y_1 \\ y_2 \end{pmatrix} = \begin{pmatrix} 1 & 0 & 0 & 0 \\ 0 & 0 & 1 & 0 \end{pmatrix} \begin{pmatrix} x_1 \\ x_2 \\ x_3 \\ x_4 \end{pmatrix}$$

试设计基于状态观测器的状态反馈极点配置控制系统。

**解**　首先判断系统的能控性和能观性，输入以下语句：

```
A=[0 1 0 0;13.475 0 0 0;0 0 0 1;-0.98 0 0 0];
B=[0;-0.25;0;0.2];C=[1 0 0 0;0 0 1 0];
rc=rank(ctrb(A,B))
ro=rank(obsv(A,C))
```

语句运行结果如下：

```
rc =            ro =

     4              4
```

这表明系统能控性矩阵满秩，系统能控，可以进行状态反馈极点配置；能观性矩阵满秩，系统能观测，可以设计状态观测器。因此，可以设计具有状态观测器的状态反馈控制系统。

再输入以下命令：

```
eig(A)
```

计算出系统矩阵 $\boldsymbol{A}$ 的特征值为

```
ans =
        0
        0
    3.6708
   -3.6708
```

因此，可以配置控制系统的极点为 $-5$、$-5.2$、$-5.6$、$-6$，并且可设计状态观测器的极点为 $-20$、$-21$、$-22$、$-23$。输入并且运行以下命令：

```
P=[-5   -5.2   -5.6   -6];K=place(A,B,P)
P1=[-20   -21   -22   -23];G1=place(A',C',P1);G=G1'
```

计算出状态观测器矩阵（保留小数点后两位有效数字）和状态反馈矩阵分别为

```
        G =
            42.8514       1.0395
            471.8315      22.3914
             0.9384       43.1486
            19.1727      464.6411


        K =


            1.0e +003 *
            -1.0508      -0.2976      -0.3566      -0.2630
```

即 $\boldsymbol{G} = \begin{pmatrix} 42.85 & 1.04 \\ 471.83 & 22.39 \\ 0.94 & 43.15 \\ 19.17 & 464.64 \end{pmatrix}$ 以及 $\boldsymbol{K} = \begin{bmatrix} -1050.8 & -297.6 & -356.6 & -263.0 \end{bmatrix}$。

图 7-29 所示为所设计的具有状态观测器的状态反馈控制系统仿真模型。在积分器中设置初值，然后运行该仿真模型。仿真结果（见图 7-30）显示，状态反馈控制系统的动态性能良好。

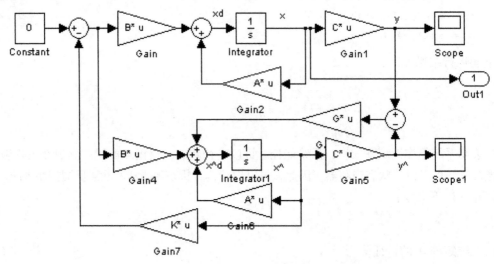

图 7-29　基于状态观测器的单级倒立摆系统状态反馈控制系统仿真模型

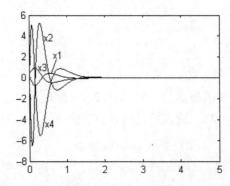

图 7-30　基于状态观测器的单级倒立摆系统状态反馈控制系统仿真结果

## 7.5 线性二次型指标最优控制系统设计

### 7.5.1 线性二次型指标与黎卡提方程

最优控制系统是指在一定的具体条件下，在完成所要求的控制任务时，系统的某种性能指标达到最优值。根据系统的用途不同，其性能指标也不同。而最优控制就是确定所需要的控制信号，以使系统的某种性能指标达到最优值。在实际的工程应用中，线性控制系统最优控制的性能指标通常采用二次型指标，它是最优控制系统的一种。本节将着重介绍线性连续定常系统二次型状态反馈最优控制系统设计。

对于线性定常系统，其状态空间表达式为

$$\begin{aligned} \dot{X}(t) &= AX(t) + Bu(t) \\ Y(t) &= CX(t) + Du(t) \end{aligned} \tag{7-34}$$

式中，$X(t)$ 为 $n$ 维状态向量，初始条件为 $X(0) = X_0$；$u(t)$ 为 $p$ 维控制向量，且不受约束；$A$、$B$、$C$、$D$ 为常数矩阵。

设线性二次型的性能指标为

$$J = \frac{1}{2}\int_0^\infty \left[ X^{\mathrm{T}}(t)QX(t) + u^{\mathrm{T}}(t)Ru(t) \right]\mathrm{d}t \tag{7-35}$$

式中，$Q$ 和 $R$ 为正定的对称常数矩阵，它们分别是状态量 $X(t)$ 和控制量 $u(t)$ 的加权矩阵。

根据最优控制理论，使线性二次型的性能指标 $J$ 取得最小值的最优控制为

$$u^*(t) = -KX(t) = -R^{-1}B^{\mathrm{T}}PX(t) \tag{7-36}$$

式中，$K$ 为最优反馈控制矩阵，$K = R^{-1}B^{\mathrm{T}}P$；$P$ 为对称常数矩阵，可以通过求解以下 Riccati 方程得到

$$PA + A^{\mathrm{T}}P - PBR^{-1}B^{\mathrm{T}}P + Q = 0 \tag{7-37}$$

这时，最优性能指标为

$$J = \frac{1}{2}X^{\mathrm{T}}(0)PX(0) \tag{7-38}$$

线性二次型指标状态反馈最优控制系统结构图如图 7-31 所示。

可见，设计线性二次型指标状态反馈最优控制系统非常重要的一步是求解 Riccati 方程。而线性二次型最优性能指标 $J$ 的确定取决于加权矩阵 $Q$ 和 $R$，但是这两个矩阵的选择没有解析方法，只能做定性的选择。如果考虑线性二次型性能指标中含有状态量 $X(t)$ 和控制量 $u(t)$ 的乘积项，即

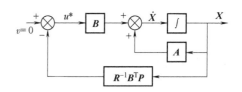

图 7-31 线性二次型指标状态反馈最优控制系统结构图

$$J = \frac{1}{2}\int_0^\infty \left[ X^{\mathrm{T}}(t)QX(t) + u^{\mathrm{T}}(t)Ru(t) + 2X^{\mathrm{T}}(t)Nu(t) \right]\mathrm{d}t \tag{7-39}$$

式中，$N$ 为交叉乘积项的加权阵，是正定的对称常数矩阵，则系统的最优控制为

$$u^*(t) = -KX(t) = -R^{-1}(B^{\mathrm{T}}P + N^{\mathrm{T}})X(t) \tag{7-40}$$

式中，$P$ 为对称常数矩阵、满足以下代数 Riccati 方程：

$$PA + A^{\mathrm{T}}P - (PB + N)R^{-1}(B^{\mathrm{T}}P + N^{\mathrm{T}}) + Q = 0 \tag{7-41}$$

由式（7-41）解出矩阵 $P$，进而可以得到系统的最优控制 $u^*(t)$。如果 $N = 0$，则式（7-41）就成了式（7-37）。

## 7.5.2　设计线性二次型最优控制的 MATLAB 函数

MATLAB 提供了求解线性连续系统二次型状态最优控制的函数：lqr( )、lqr2( ) 与 lqry( )。它们的调用格式为

$$[K, S, E] = \mathrm{lqr}[A, B, Q, R, N]$$
$$[K, S, E] = \mathrm{lqr2}[A, B, Q, R, N]$$
$$[K, S, E] = \mathrm{lqry}[A, B, C, D, Q, R, N]$$

式中，$A$、$B$、$C$、$D$ 为系统状态空间表达式中的矩阵；$Q$ 和 $R$ 为线性二次型的性能指标式（7-35）中的矩阵；$N$ 为线性二次型的性能指标式（7-39）中交叉乘积项的加权阵；$K$ 和 $S$ 分别为最优控制方程式（7-36）中的矩阵 $K$ 和 $P$；$E$ 为最优控制闭环系统的特征值，即特征方程 $\det(\lambda I - [A - BK]) = 0$ 的根。

lqr( ) 函数和 lqr2( ) 函数类似，只是 lqr2( ) 函数中采用了 Schar 算法，具有更好的稳定性。而 lqry( ) 函数是用来求解二次型输出反馈最优控制的，用输出反馈代替状态反馈，则最优控制方程变成

$$u^*(t) = -KY(t) \tag{7-42}$$

其性能指标为

$$J = \frac{1}{2}\int_0^\infty [Y^{\mathrm{T}}(t)QY(t) + u^{\mathrm{T}}(t)Ru(t)]\mathrm{d}t \tag{7-43}$$

这种输出反馈的最优控制称为准最优控制，通常其性能不如状态反馈的最优控制好。

## 7.5.3　最优控制系统设计实例

已知连续系统状态方程与初始条件为

$$\begin{pmatrix} \dot{x}_1 \\ \dot{x}_2 \end{pmatrix} = \begin{pmatrix} 0 & 0 \\ 1 & 0 \end{pmatrix}\begin{pmatrix} x_1 \\ x_2 \end{pmatrix} + \begin{pmatrix} 1 \\ 0 \end{pmatrix}u, \quad \begin{pmatrix} x_1(0) \\ x_2(0) \end{pmatrix} = \begin{pmatrix} 0 \\ 1 \end{pmatrix}$$

性能指标为 $J = \int_0^\infty \left[x_2^2(t) + \frac{1}{4}u^2(t)\right]\mathrm{d}t$，试求最优控制 $u^*(t)$ 与最优性能指标 $J^*$。

**解**　选择矩阵

$$Q = \begin{pmatrix} 0 & 0 \\ 0 & 2 \end{pmatrix} \quad R = \frac{1}{2}$$

编写 MATLAB 程序求解最优控制：

```
syms x1 x2;x=[x1;x2];x0=[0;1];
A=[0 0;1 0];B=[1;0];R=1/2;Q=[0 0;0 2];N=[0;0];
[K,S,E]=lqr(A,B,Q,R,N)
u=-inv(R)*(B')*S*x
J=(1/2)*(x0')*S*x0
d=eig(A-B*inv(R)*(B')*S)
```

程序运行结果如下：

```
    K =

        2.0000        2.0000

    S =

        1.0000        1.0000
        1.0000        2.0000
    E =

      -1.0000 +1.0000i
      -1.0000 -1.0000i

    u =

    -2 * x1 -2 * x2

    J =

        1.0000

    d =

      -1.0000 +1.0000i
      -1.0000 -1.0000i
```

结果表明，Riccati 代数方程的解为以下常数正定矩阵（结果中的 $S$ 阵）：

$$P = \begin{pmatrix} 1 & 1 \\ 1 & 2 \end{pmatrix}$$

最优控制为

$$u^*(t) = -2x_1(t) - 2x_2(t)$$

最优性能指标为

$$J^* = 1$$

闭环特征值为

$$\lambda_1 = -1 + j, \ \lambda_2 = -1 - j$$

可见，闭环系统为渐近稳定。

# 本 章 小 结

本章介绍了多种用于自动控制系统设计的方法：频率特性法进行超前校正、滞后校正以及滞后-超前校正；PID 控制器的设计以及三个参数对系统动态性能有什么影响；基于状态反馈极点配置的设计方法以及状态观测器的设计；线性二次型指标系统最优控制方法。通过实例，读者可以学会如何使用 MATLAB 对一个控制系统进行设计，以满足其动态性能指标。

# 习　题

7-1　已知某单位负反馈控制系统的开环传递函数为 $G(s) = \dfrac{1}{s(0.1s+1)(0.04s+1)(0.01s+1)}$，请设计一个串联校正控制器 $G_{\mathrm{C}}(s)$，要求系统性能指标如下：相位裕度 $\gamma = 45°$，开环增益 $K > 200$，穿越频率 $13 < \omega_{\mathrm{c}} < 15$。

7-2　某过程控制系统如图 7-32 所示，请使用 Ziegler-Nichols 经验整定公式设计 PID 控制器，使系统的动态性能最佳。

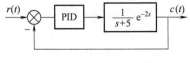

图 7-32　习题 7-2 图

# 第8章

# 电力系统工具箱及其应用实例

SimPowerSystems（电力系统模块集）需要在 Simulink 的环境下运行。要掌握 SimPower-Systems 工具箱，必须了解电路的建模与仿真。SimPowerSystems 可以对电路系统、电力电子系统、电机系统、电力传输系统等进行仿真。

在 MATLAB R2015b/Simulink 8.6 版本中，对 SimPowerSystems 工具箱的内容做了较大充实。限于篇幅，本章不能全面详细地介绍，只能简要介绍这个工具箱的基本功能。

## 8.1 SimPowerSystems（电力系统模块集）简介

可以在 Simulink 库浏览器中直接打开 SimPowerSystems 模块集，如图 8-1 所示。

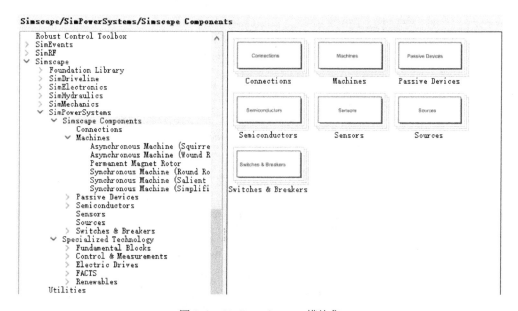

图 8-1 SimPowerSystems 模块集

也可以在 MATLAB 的命令行窗口中输入命令：

```
>>powerlib
```

就会弹出图 8-2 所示的 SimPowerSystems 模块集窗口。

SimPowerSystems 模块集中有 9 个模块子集，每个模块子集又包括若干模块。以下将对这些模块子集分别进行介绍。

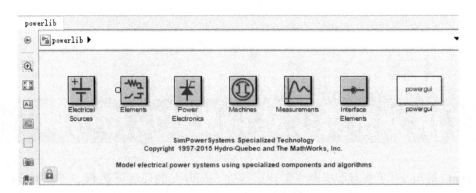

图 8-2 SimPowerSystems 模块集窗口

### 8.1.1 Electrical Sources（电源模块子集）

选中图 8-1 左侧的 Electrical Sources（电源模块子集），右侧列表框中就显示出图 8-3 所示的电源模块子集中的模块，包括 AC Current Source（交流电流源模块）、AC Voltage Source（交流电压源模块）、Controlled Current Source（受控电流源模块）、Controlled Voltage Source（受控电压源模块）、DC Voltage Source（直流电压源模块）、Three-Phase Source（三相电源模块）、Three-Phase Programmable Source（三相可编程电源模块）共 7 个模块。

图 8-3 电源模块子集中的模块

### 8.1.2 Elements（电路元件模块子集）

选中图 8-1 左侧的 Elements（电路元件模块子集），右侧列表框中就显示出图 8-4 所示的电路元件模块子集中的模块。

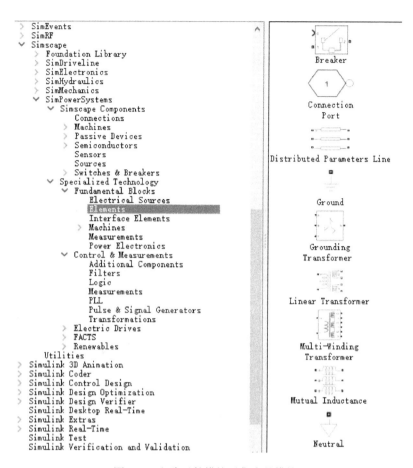

图 8-4　电路元件模块子集中的模块

该模块子集包括 32 个模块，它们是 Breaker（断路器模块）、Connection Port（连接端口模块）、Distributed Parameters Line（分布参数导线模块）、Ground（接地模块）、Linear Transformer（线性变压器模块）、Multi-Winding Transformer（多绕组变压器模块）、Mutual Inductance（互感模块）、Neutral（中性点模块）、Parallel RLC Branch（并联 *RLC* 分支电路模块）、Parallel RLC Load（并联 *RLC* 负载模块）、Pi Section Line（π 界面导线模块）、Saturable Transformer（饱和变压器模块）、Series RLC Branch（串联 *RLC* 分支电路模块）、Series RLC Load（串联 *RLC* 负载模块）、Surge Arrester（尖峰电压保护器模块）、Three-Phase Breaker（三相断路器模块）、Three-Phase Dynamic Load（三相动态负载模块）、Three-Phase Fault（三相断路故障模块）、Three-Phase Harmonic Filter（三相谐波滤波器模块）、Three-Phase Mutual Inductance（三相互感模块）、Three-Phase Parallel RLC Branch（三相并联 *RLC* 分支电路模块）、Three-Phase Parallel RLC Load（三相并联 *RLC* 负载模块）、Three-Phase Series RLC Branch（三相串联 *RLC* 分支电路模块）、Three-Phase Series RLC Load（三相串联 *RLC* 负载模块）、Three-Phase Transformer（Three Windings）（三相变压器-3 个绕组模块）、Three-Phase Transformer（Two Windings）（三相变压器-2 个绕组模块）、Three-Phase Transformer 12 Terminals（三相变压器-12 个端子模块）和 Zigzag Phase-Shifting Transformer（锯齿移相变压器模块）等。

### 8.1.3　Machines（电机模块子集）

选中图 8-1 左侧的 Machines（电机模块子集），右侧列表框中就显示出图 8-5 所示的电机模块子集中的模块。

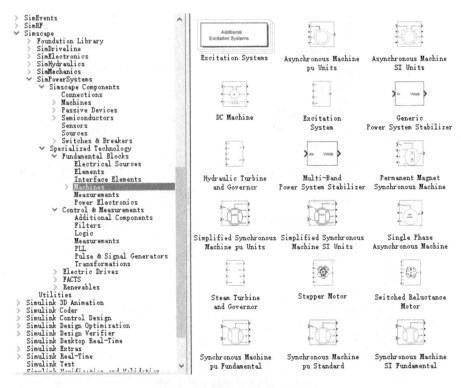

图 8-5　电机模块子集中的模块

该模块子集包括 18 个模块，主要包括 Asynchronous Machine pu Units（异步电机—标幺值单位制模块）、Asynchronous Machine SI Units（异步电机—标准国际单位制模块）、DC Machine（直流电机模块）、Generic Power System Stabilizer（发电系统稳定器模块）、Hydraulic Turbine and Governor（水轮机及速度控制器模块）、Multi-Band Power System Stabilizer（多频带电力系统稳定器模块）、Permanent Magnet Synchronous Machine（永磁同步电机模块）、Simplified Synchronous Machine pu Units（简化的同步电机—标幺值单位制模块）、Simplified Synchronous Machine SI Units（简化的同步电机—标准国际单位制模块）、Steam Turbine and Governor（蒸汽机及速度控制器模块）、Synchronous Machine pu Fundamental（基本的同步电机—标幺值单位制模块）、Synchronous Machine pu Standard（标准的同步电机—标幺值单位制模块）和 Synchronous Machine SI Fundamental（基本的同步电机—标准国际单位制模块）等。

### 8.1.4　Measurements（测量模块子集）

选中图 8-1 左侧的 Measurements（测量模块子集），右侧列表框中就显示出图 8-6 所示的测量模块子集中的模块。

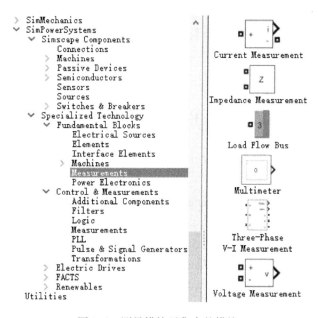

图 8-6　测量模块子集中的模块

该模块子集包括 6 个模块，它们是 Current Measurement（电流测量模块）、Impedance Measurement（阻抗测量模块）、Load Flow Bus（负载流总线模块）、Multimeter（万用电能表模块）、Three- Phase V- I Measurement（三相电压电流测量模块）和 Voltage Measurement（电压测量模块）。

## 8.1.5　Power Electronics（电力电子模块子集）

选中图 8-1 左侧的 Power Electronics（电力电子模块子集），右侧列表框中就显示出图 8-7 所示的电力电子模块子集中的模块。

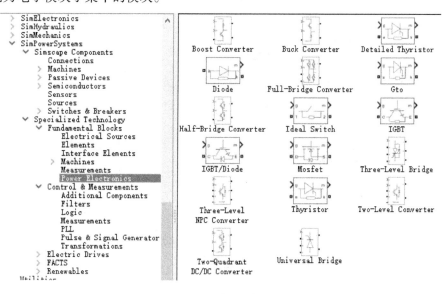

图 8-7　电力电子模块子集中的模块

该模块子集包括 17 个模块，主要包括 Detailed Thyristor（详细的晶闸管模块）、Diode（二极管模块）、Gto（门极关断晶闸管模块）、Ideal Switch（理想开关模块）、IGBT（绝缘栅双极型晶体管模块）、Mosfet（金属氧化膜场效应晶体管模块）、Three- Level Bridge（三电平桥模块）、Thyristor（晶闸管模块）和 Universal Bridge（通用桥模块）等。

## 8.2　电力系统工具箱仿真应用实例

【例 8-1】 一台他励直流电动机电枢回路串电阻起动，试用 MATLAB/Simulink 对其起动过程进行仿真。

**解**　首先，启动 Simulink，在 Simulink 库浏览器窗口菜单中选择"File"→"New"→"Model"，建立一个新的模型编辑窗口。在此模型窗口中建立所需模型，以"dcstart"文件名将该模型保存在 work 文件夹中。从 SimPowerSystems 模块集中 Machines 模块子集中拖拽 DC Machine 到这个模型的窗口之中。双击这个模块，弹出一个对话框，设置这台电动机的各种参数（见图 8-8）。本例中选择标准的 5 马力（1 马力 = 735.499W）、额定电枢电压 240V、额定转速 1750r/min、额定励磁电压 300V 的直流电动机。从 Electrical Sources 模块子集中拖拽 DC Voltage Source 模块到模型窗口中，经过适当的旋转，设置电压为 300V，连接到直流电动机的磁场绕组。从 Simulink 的常用模块集中拖拽 Constant 模块和 Scope 模块分别作为负载转矩和示波器。再次拖拽 DC Voltage Source 模块到模型窗口中作为电枢的电源。将一个串接三个电阻起动的起动器封装成一个子系统。

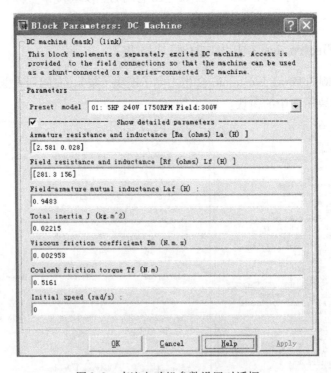

图 8-8　直流电动机参数设置对话框

用 Simulink/SimPowerSystems 构造的他励直流电动机电枢回路串电阻起动的仿真模型如

图 8-9 所示，而起动器子系统如图 8-10 所示。

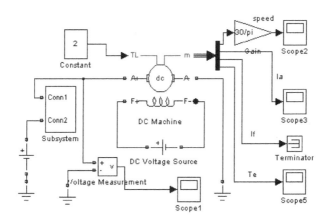

图 8-9　直流电动机串电阻起动仿真模型

在设置仿真参数时，在 Solver 中设置算法为变步长 ode15s（stiff），仿真时间 0 ~ 2s。在 Data Inport/Export 中，将 "Limit data points to last 1000" 复选框前面的 "√" 去除，并且将示波器模块参数设置 Data history 中 "Limit data points to last 5000" 复选框前面的 "√" 也去除，以显示完整的仿真过程曲线。仿真结果如图 8-11 所示。

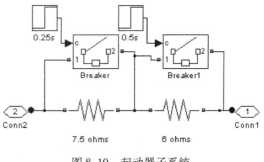

图 8-10　起动器子系统

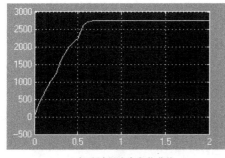

a) 起动过程速度变化曲线

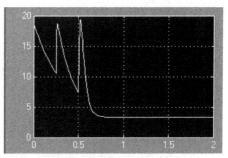

b) 起动过程电枢电流变化曲线

图 8-11　直流电动机串电阻起动仿真结果

【例 8-2】　一台绕线转子异步电动机当转子串有电阻时的起动过程，试用 MATLAB/Simulink 进行建模并且仿真。

**解**　在命令行窗口中输入 simulink 并按〈Enter〉键，即启动了 Simulink，出现 Simulink 库浏览器（Simulink library browser）。在该窗口菜单中选择 "File"→"New"→"Model"，建立一个新的模型编辑窗口，以 "ac_test. mdl" 文件名保存该模型文件。从 SimPowerSystems 模块集下面的 Machines 模块子集中，拖拽 Asynchronous Machine SI Units 模块到模型窗口中。异步电动机模块有 8 个连接端子，其中 3 个端子（A、B、C）为电动机的定子电压输入，一般可直接接三相电压；输入端子 Tm 接轴上的负载转矩，可以直接接 Simulink 信号；另外 3

个端子（a、b、c）为转子绕组的端口，可以把它们短接在一起，或者连接到其他的附加电路中；还有一个输出端为 m 端子，它包含一系列电机内部信号集，共有 21 路信号，通过从 Machines 模块子集拖拽 Machine Measurement Demux 模块连接到 m 端子上，可以将这 21 路信号分解开，并且选择我们所需要的信号。21 路信号构成如下：

第 1~3 路：转子电流 $i'_{\mathrm{ra}}$，$i'_{\mathrm{rb}}$，$i'_{\mathrm{rc}}$。

第 4~9 路：$q\text{-}d\text{-}n$ 坐标系下的转子信号，依次为 $q$ 轴电流 $i'_{\mathrm{qr}}$、$d$ 轴电流 $i'_{\mathrm{dr}}$、$q$ 轴磁通 $\psi'_{\mathrm{qr}}$、$d$ 轴磁通 $\psi'_{\mathrm{dr}}$、$q$ 轴电压 $u'_{\mathrm{qr}}$、$d$ 轴电压 $u'_{\mathrm{dr}}$。

第 10~12 路：定子电流 $i_{\mathrm{sa}}$，$i_{\mathrm{sb}}$，$i_{\mathrm{sc}}$。

第 13~18 路：$q\text{-}d\text{-}n$ 坐标系下的定子信号，依次为 $q$ 轴电流 $i_{\mathrm{qs}}$、$d$ 轴电流 $i_{\mathrm{ds}}$、$q$ 轴磁通 $\psi_{\mathrm{qs}}$、$d$ 轴磁通 $\psi_{\mathrm{ds}}$、$q$ 轴电压 $u_{\mathrm{qs}}$、$d$ 轴电压 $u_{\mathrm{ds}}$。

第 19~21 路：电动机转速（角速度）$\omega_{\mathrm{m}}$，机械转矩 $T$，电动机转子角位移 $\theta_{\mathrm{m}}$。

双击异步电动机模块，弹出该模块的参数设置对话框，如图 8-12 所示。在该对话框中需要输入如下参数：

预置模型（Preset model）文本框：可以直接选择预置的几种在美国比较常见的电动机型号，它们的参数都已预置好。例如在图 8-12 中，预置了一种额定功率为 10 马力（7.5kW）、额定线电压 460V、额定频率 60Hz、额定转速 1760r/min 的异步电动机。如果在列表中找不到所要仿真的电动机，就选择 No 即可，然后自己设置详细的电动机参数：

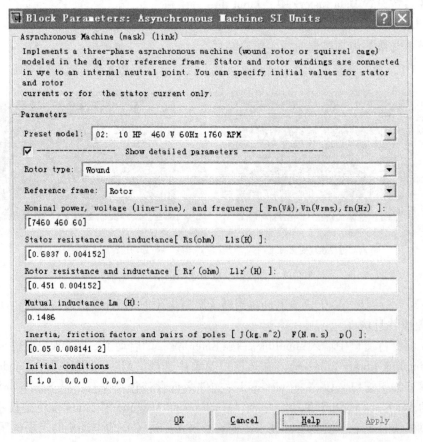

图 8-12　异步电动机参数设置对话框

1）转子绕组类型（Rotor type）文本框：分为绕线转子（Wound）和笼型（Squirrel-cage）两种，后者将不显示转子绕组输出端（a、b、c），而直接将其在模块内部短接。

2）参考坐标系（Reference frame）文本框：下拉列表框中有 3 个选项：静止坐标系（Stationary）、基于转子坐标系（Rotor）和基于同步旋转磁场坐标系（Synchronous）。一般常选择静止坐标系。

3）额定参数，额定功率，线电压，电源频率（Nominal Power，Voltage（line-line），and frequency[Pn(VA)，Vn(Vrms)，fn(Hz)]）。

4）定子电阻和漏电感（Stator resistance and inductance[Rs(ohm)　Lls(H)]）。

5）转子电阻和漏电感（Rotor resistance and inductance[Rr'(ohm)　Llr'(H)]）。

6）互电感（Mutual inductance Lm（H））。

7）转动惯量，摩擦系数和极对数（Inertia，friction factor，and pairs of poles[J(kg.m$^2$)　F(N.m.s)　p()]）。

8）初始条件（Initial conditions）。

3）~8）这些参数基本上都是电动机的铭牌参数。如果已知某异步电动机的参数如下：

$P_N = 5.5\text{kW}$，$U_{1N} = 380\text{V}$，$f_N = 50\text{Hz}$，$R_1 = 0.0217\Omega$，$X_1 = 0.039\Omega$，$R_2 = 0.0329\Omega$，$X_2 = 0.0996\Omega$，$X_m = 3.6493\Omega$，$J = 11.4\text{kg} \cdot \text{m}^2$，极对数 $p = 2$，摩擦系数 $F = 0.008\text{N} \cdot \text{m} \cdot \text{s}$，初始条件为零。这里的电感由电抗形式给出，需要用公式 $L = X/(2\pi f)$ 计算出电感的数值。具体设置如图 8-13 所示。

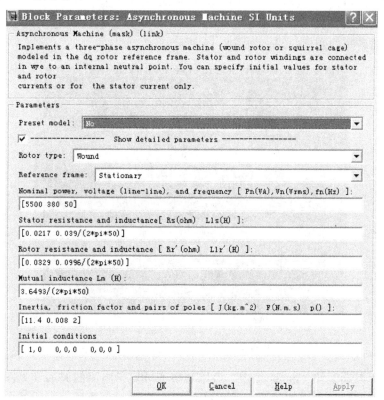

图 8-13　异步电动机参数设置

图 8-14 所示为所建立的绕线转子异步电动机转子串电阻运行仿真模型。对其中电机测量分路器模块（Machine Measurement Demux）的设置只选择转子电流（ir_abc）、转速（wm）和电磁转矩（Te）。而串接的电阻可以从元件模块子集（Elements）中得到，具体做法是：选择串联 *RLC* 分支模块（Series RLC Branch），然后设置电阻为 1Ω、电感为零、电容为无穷大即可。

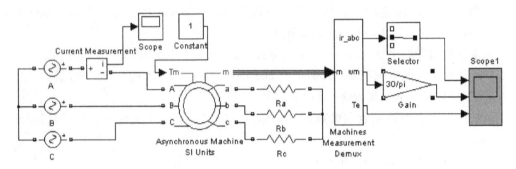

图 8-14　绕线转子异步电动机转子串接电阻运行仿真模型

还需要使用 Selector 元件（在 Simulink 的 Signal Routing 模块子集中）从输出的信号中提取所要求的单路信号。三相对称交流电源采用星形接法，考虑逆时针方向为正旋转方向。因此，A、B、C 三相电压的初始相位分别设置为 240°、120°、0°，而它们的幅值都是 $220 \times \sqrt{2} = 311.08V$（$\sqrt{2}$ 取 1.414）。示波器可在 Simulink 的 Sinks 模块子集中得到。

在运行仿真之后，从示波器模块（Scope）中得到异步电动机起动过程的 B 相转子电流、转速和电磁转矩的变化曲线，如图 8-15 所示。

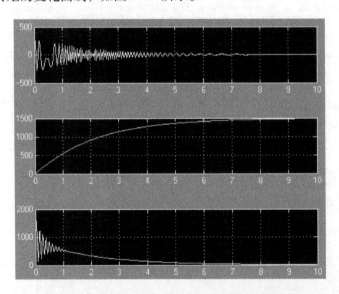

图 8-15　B 相转子电流、转速和电磁转矩变化曲线

从另一个示波器模块（Scope）中，可以观察 A 相定子电流的波形（见图 8-16a），为了详细观察异步电动机定子电流波形，可以按住鼠标左键，选择某一小段的电流波形来观察（见图 8-16b）。

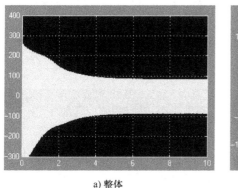
a) 整体

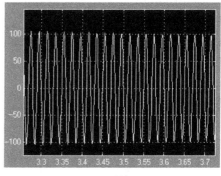
b) 局部

图 8-16  定子电流波形图

【例 8-3】  基于 MATLAB/SimPowerSystems 建立一个晶闸管三相全控桥供电的他励直流电动机转速开环控制系统仿真模型，电动机的额定参数如下：$U_N = 220V$，$I_N = 32A$，$n_N = 850r/min$，$R_a = 0.5\Omega$。已知电动机转子以及负载的飞轮惯量总计为 $GD^2 = 49N \cdot m^2$，励磁绕组电压 $U_f = 220V$，滤波电抗器的电感为 $0.01H$。当整流桥触发延迟角 $\alpha$ 在 7s 内从 35° 变成为 0° 时，观察该直流电动机在带有额定负载的情况下，电动机电枢两端电压、电磁转矩以及转速随时间变化的仿真曲线。

**解**  首先建立 MATLAB/Simulink 仿真模型，如图 8-17 所示。

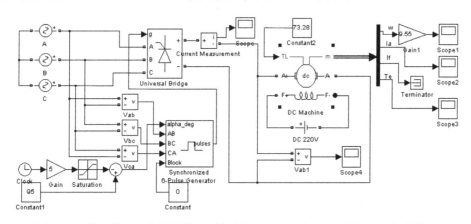

图 8-17  晶闸管三相全控桥供电的他励直流电动机转速开环控制系统仿真模型

因为三相全控桥整流电路输出的直流平均电压为

$$U_d = 2.34U_2\cos\alpha$$

式中，$U_2$ 为交流电源相电压的有效值；$\alpha = \alpha_1 - 60°$，$\alpha_1$ 为某相电压触发延迟角，在设置三相同步触发脉冲发生器模块参数时，可以在 alpha_deg 端口设置 $\alpha_1$ 的值。

考虑当 $\alpha = 0$ 时，$U_d$ 取得最大值（$U_d = U_N = 220V$），于是

$$U_2 = \frac{220}{2.34}V \approx 94V$$

而相电压的峰值为

$$U_{2m} = \sqrt{2} \times 94V \approx 132.936V$$

因此，按照图 8-18 设置 A 相交流电压源的参数，B 相和 C 相的参数设置和 A 相基本相同，只是相位分别为 120° 和 240°。

三相同步触发脉冲发生器模块、三相晶闸管整流桥模块和直流电机模块的参数设置分别如图 8-19 ~ 图 8-21 所示。

图 8-18　设置 A 相交流电压源参数　　　图 8-19　三相同步触发脉冲发生器模块参数设置

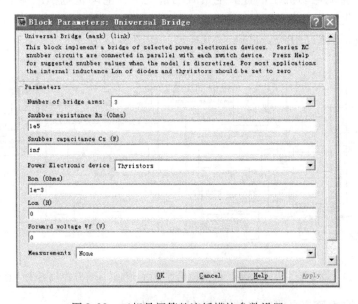

图 8-20　三相晶闸管整流桥模块参数设置

因为 $C_e\Phi = \dfrac{U_N - I_N R_a}{n_N} = \dfrac{220 - 32 \times 0.5}{850} = 0.24$、$C_T\Phi = 9.55 C_e\Phi \approx 2.29$，电动机额定负载转矩为

$$T_z = T_N = C_T\Phi I_N = 2.29 \times 32 \mathrm{N} \cdot \mathrm{m} = 73.28 \mathrm{N} \cdot \mathrm{m}$$

飞轮惯量为 $GD^2 = 49 \mathrm{N} \cdot \mathrm{m}^2$，则转动惯量为

$$J = \frac{GD^2}{4g} = \frac{49}{4 \times 9.8} \mathrm{kg} \cdot \mathrm{m}^2 = 1.25 \mathrm{kg} \cdot \mathrm{m}^2$$

饱和非线性模块上限取 35，下限为 0。

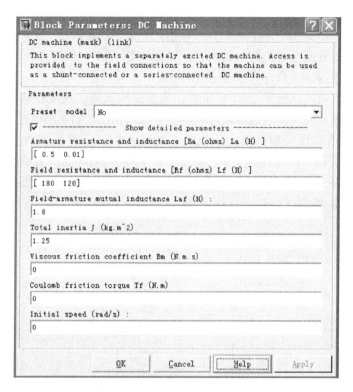

图 8-21　直流电机模块参数设置

仿真时间为 10s，仿真算法为 ode15s，仿真结果如图 8-22 ~ 图 8-24 所示。

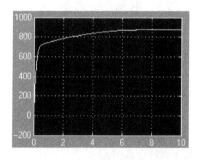
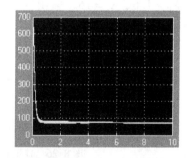

图 8-22　转速的时间响应曲线图　　　　图 8-23　电磁转矩随时间变化的曲线

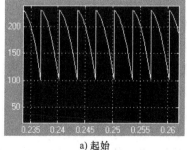
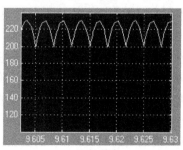

a) 起始　　　　　　　　　　　b) 结束

图 8-24　调速过程起始时和结束时电枢电压的曲线

仿真结果显示，电动机的转速随着触发延迟角的减小而平稳地上升。

**【例8-4】** 基于 MATLAB/SimPowerSystems 建立一个电流跟踪型 PWM 直流电动机闭环调速系统的仿真模型。直流电动机的参数如下：额定功率 10kW、额定电枢电压 240V、额定励磁电压 240V、电枢电阻 $0.5\Omega$、电枢电感 0.01H。

**解** 直流电动机调速系统采用 PI 控制器作为速度控制器，速度控制器的输出即为直流电动机电枢电流的参考输入。实测电流与电流参考输入相比，当实测电流小于电流参考输入时，GTO 晶闸管开通；当实测电流大于电流参考输入时，GTO 晶闸管关断。这样，通过 GTO 晶闸管的通断实现了电流跟踪 PWM 控制。为了降低 GTO 晶闸管的开关损耗，使它的开关频率不至于过高，在 GTO 晶闸管的控制端加了一个具有继电特性的控制器。该调速系统的仿真模型如图 8-25 所示。

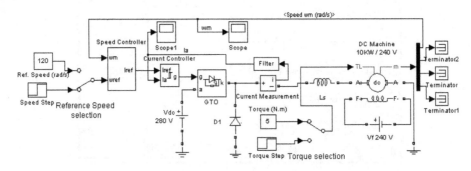

图 8-25　电流跟踪型 PWM 直流电动机闭环调速系统仿真模型

速度控制器采用具有饱和特性的 PI 控制器，将其封装成一个子系统，如图 8-26 所示。在本例中，$K_P = 1.6$、$K_I = 16$、输出饱和限幅值为 $\pm 30A$。电流控制器则是一个具有滞环的继电非线性模块。

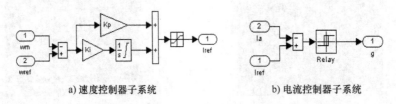

a) 速度控制器子系统　　　　　　b) 电流控制器子系统

图 8-26　速度和电流控制器子系统仿真图

电枢回路中串接一个电感（$L_S = 0.001H$），其作用是对电流滤波；二极管（D1）则是续流二极管。通过双击参考速度选择开关模块（Reference Speed selection），可以选择参考速度为固定值（120rad/s），也可以在 $t = 1s$ 时，参考速度从 120rad/s 阶跃至 160rad/s。直流电动机的模块参数设置如图 8-27 所示。仿真算法采用 ode15s（stiff/NDF）。

当选择参考速度在 $t = 1s$ 时从 120rad/s 阶跃至 160rad/s，而负载转矩为固定的 5N·m 时，该调速系统的仿真结果（电枢电流变化曲线以及电动机速度变化曲线）如图 8-28 所示。可见电枢电流在电动机升速过程中被限制在 30A，转速有一点超调量，动态性能良好。

当选择参考速度固定为 120rad/s，而负载转矩在 $t = 1.2s$ 时从 5N·m 阶跃变化到 25N·m 时，该调速系统的仿真结果（电枢电流变化曲线以及电动机速度变化曲线）如图 8-29 所示。可见起动过程中电枢电流被限制在 30A，在 1.2s 负载转矩突然增加到 25N·m 时，电枢电流也随之增加，并且有一点超调；速度有一定的降落之后，很快就回到120rad/s，PI控制器可以消除静差。

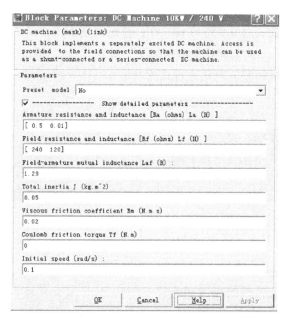

图8-27　直流电动机模块参数设置

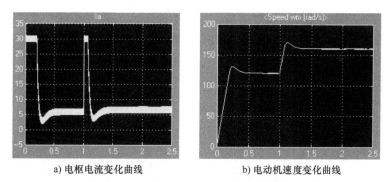

a) 电枢电流变化曲线　　　　　　b) 电动机速度变化曲线

图8-28　直流电动机闭环调速系统仿真结果1

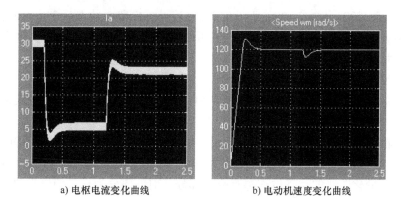

a) 电枢电流变化曲线　　　　　　b) 电动机速度变化曲线

图8-29　直流电动机闭环调速系统仿真结果2

【例 8-5】 基于 MATLAB/SimPowerSystems 建立一个状态反馈直流伺服系统的仿真模型。直流伺服电动机为他励直流电动机，其参数为：额定电枢电压 $U_N = 240V$；额定励磁电压 $U_f = 100V$；额定电枢电流 $I_N = 16A$；额定功率 $P_N = 2.5kW$；电枢电阻 $R_a = 0.72\Omega$；电枢电感 $L_a = 0.005H$；电动势系数 $K_e = 0.75V/(rad/s)$；转矩系数 $K_T = 0.75N \cdot m/A$；折算到轴上的转动惯量 $J = 0.06kg \cdot m^2$，轴上的总负载转矩 $T_z = 0.2\omega$。

**解** 直流电动机电枢回路的电压方程式为

$$L_a \frac{dI_a}{dt} + I_a R_a + K_e \omega = u_a$$

电动机轴上的运动方程式为

$$J \frac{d\omega}{dt} = K_T I_a - 0.2\omega$$

而 $\omega = d\theta/dt$，选择状态变量 $x_1 = \theta$、$x_2 = \omega$、$x_3 = I_a$，则系统的状态空间表达式为

$$\begin{pmatrix} \dot{x}_1 \\ \dot{x}_2 \\ \dot{x}_3 \end{pmatrix} = \begin{pmatrix} 0 & 1 & 0 \\ 0 & -3.333 & 12.5 \\ 0 & -150 & -144 \end{pmatrix} \begin{pmatrix} x_1 \\ x_2 \\ x_2 \end{pmatrix} + \begin{pmatrix} 0 \\ 0 \\ 200 \end{pmatrix} u_a, \quad y = \begin{pmatrix} 1 & 0 & 0 \end{pmatrix} \begin{pmatrix} x_1 \\ x_2 \\ x_2 \end{pmatrix}$$

建立一个判断系统能控性的 M 文件程序：

```
A=[0 1 0;0-3.333 12.5;0  -150  -144];B=[0;0;200];C=[1  0  0];
r=rank(ctrb(A,B))
```

运行结果 $r = 3$，显示能控性矩阵满秩，系统能控。

伺服系统通常不能够超调，因此希望状态反馈后系统的极点为负实数。为不失一般性，选择期望极点为 $-51$、$-52$ 和 $-53$。

运行以下程序，计算状态反馈矩阵 $\boldsymbol{K}$：

```
P=[-51  -52  -53];K=place(A,B,P)
```

计算机返回：

```
K =

    56.2224    2.2909    0.0433
```

可知，$k_1 = 56.222$、$k_2 = 2.291$、$k_3 = 0.043$（$k_1$、$k_2$ 保留小数点后 3 位有效数字），构造系统仿真模型如图 8-30 所示。采用可控电压源作为直流电动机的电源，其输出电压和控制端的信号大小相同。

加入状态反馈之后，$u_a = v - (k_1 x_1 + k_2 x_2 + k_3 x_3)$。输入信号设置为：在 $t = 1s$ 时，从 $0°$ 阶跃到 $60°$，转换为弧度（乘以系数 $k_5 = \pi/180 \approx 0.01745$）。转角反馈为主反馈，设置为单位负反馈。

直流电机模块的参数设置如图 8-31 所示。仿真算法采用 ode15s（stiff/NDF）。仿真结果如图 8-32 所示。可见，该直流伺服系统的动态性能很好，转角的变化曲线没有超调，电枢电流和电磁转矩变化曲线的动态过程都有两个部分：前一部分为正，使电动机正向加速；后一部分为负，为制动过程。

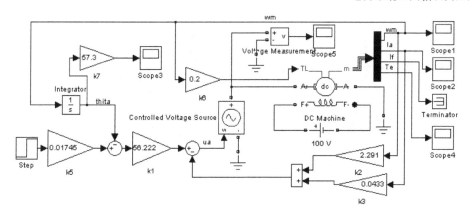

图 8-30　直流伺服状态反馈控制系统仿真模型

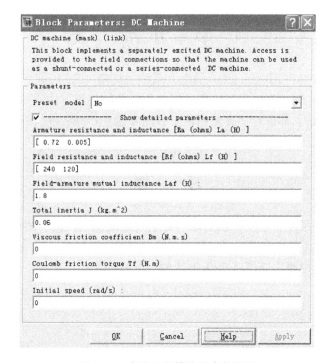

图 8-31　直流电机模块的参数设置

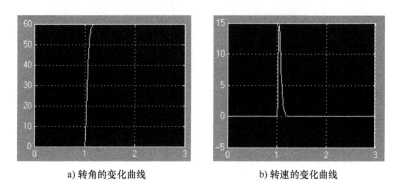

a) 转角的变化曲线　　　　　　　　　b) 转速的变化曲线

图 8-32　直流伺服状态反馈控制系统仿真结果

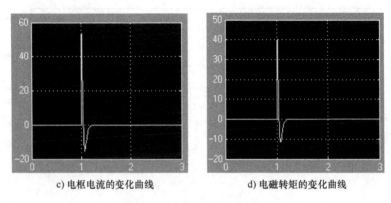

c) 电枢电流的变化曲线　　　　　　　　　　d) 电磁转矩的变化曲线

图 8-32　直流伺服状态反馈控制系统仿真结果（续）

# 本 章 小 结

本章介绍了基于 MATLAB/Simulink 的电力系统工具箱（SimPowerSystems）。通过几个电动机控制系统的模型实例，较为详细地阐述了各个模块的使用方法，并讨论了模型连接构造过程中需要注意的问题。本章对学会使用该工具箱来建立和分析电力系统方面的各种控制系统具有很好的参考价值。

# 习　　题

8-1　建立一个笼型异步电动机软起动（线电压逐渐加大，直至额定值）的仿真模型。

8-2　如何在电力电路中获得一个 $2\Omega$ 的纯电阻模块？

8-3　如何在电力电路中获得一个 $0.05\text{H}$ 的纯电感模块？

# 参 考 文 献

[1] 王孝武. 现代控制理论基础 [M]. 3 版. 北京：机械工业出版社，2013.

[2] 徐国保，张冰，石丽梅，等. MATLAB/Simulink 权威指南：开发环境、程序设计、系统仿真与案例实战 [M]. 北京：清华大学出版社，2019.

[3] 张晓江，顾绳谷. 电机及拖动基础：上、下册 [M]. 5 版. 北京：机械工业出版社，2016.

[4] 薛定宇. 控制系统仿真与计算机辅助设计 [M]. 2 版. 北京：机械工业出版社，2009.

[5] 张晓江. 基于计算机仿真的控制系统新型稳定性判据 [J]. 系统仿真学报，2008，20（13）：3468-3471.

[6] ZHANG X J, MAN Z H. A New Stability Criterion and its Application on Process Control Systems with Time-delay[C]//Proceedings of 2008 3rd IEEE Conference on Industrial Electronics and Applications，June 2008，[S. l. s. n.]，2008.

[7] 黄忠霖，黄京. 控制系统 MATLAB 计算及仿真 [M]. 3 版. 北京：国防工业出版社，2009.

[8] 张晓华. 控制系统数字仿真与 CAD [M]. 3 版. 北京：机械工业出版社，2010.

[9] 张德丰. MATLAB R2015b 数学建模 [M]. 北京：清华大学出版社，2016.